KB022695

내가 우울한 건 다

오스트랄로피테쿠스

때문이야

신경인류학으로 살펴본 불안하고 서투른 마음 이야기

내가
우울한 건
다

박한선 지음

오스트랄로피테쿠스

때문이야

Humanist

머리말

　인간은 만물의 영장이라고 합니다. 다분히 인간 중심적인 주장입니다. 인간을 신과 동물의 중간쯤에 두기도 합니다. 명백하게 동물의 한 종이면서도, 동시에 어느 정도는 '신'에 가깝다고 믿고 싶었는지도 모르겠습니다. 이러한 믿음은 고대 그리스에서 시작되었는데, 사실 어느 정도는 지금도 이어지고 있습니다. 하지만 정말 인간의 위치가 그렇게 위대하고 높을까요?

　사실 우리 인간의 몸은 아주 허약합니다. 용맹함은 사자를 당하지 못하고, 빠르기는 치타를 따르지 못하고, 크기는 코끼리에 미치지 못합니다. 새처럼 날지도, 돌고래처럼 헤엄치지도 못합니다. 신체적으로 따지면 무엇 하나 잘하는 것이 없습니다. 신의 세계와 동물 세계를 잇는 중간적 존재는 고사하고, 동물의 왕국에서도 겨우 미관말직에 해당하는 참담한 수준입니다.

그래서 어떤 사람은 이렇게 말합니다. "인간에게는 어떤 동물과도 비교할 수 없는 위대한 두뇌가 있다." 어느 정도는 맞는 말입니다. 인간의 뇌는 다른 동물에 비해 기이할 정도로 큽니다. 그리고 지적인 능력도 확실히 우수합니다. 하지만 그렇다고 해서 인간의 마음이 신과 동물의 중간에 위치할 정도로 아름답고 튼튼할까요?

우리는 사소한 일에도 걱정하고 불안해합니다. 노심초사 고민하지만, 결국 엉뚱한 결정을 내리고 후회하는 게 일상입니다. 냉장고 앞에 "다이어트!!"라고 큰 글씨로 써 붙여두고는, 뻔뻔하게 치킨을 주문합니다. 영원한 사랑을 말하면서, 동시에 타산적인 마음으로 주판알을 튕깁니다. 이혼을 전제로 이루어지는 결혼은 하나도 없지만, 많은 부부는 결국 남남이 됩니다. 피를 나눈 형제와도 싸우고, 부모 자식 사이에도 등을 돌립니다. 친구를 배신하고, 부하를 괴롭히고, 신첩을 못살게 굴고, 거짓말도 하고, 사기도 칩니다. 칼도 휘두르고, 총도 쏩니다. 그리고 이웃 사람들과 전쟁을 벌입니다. 그렇게 죽고 죽입니다.

인간의 마음이 가진 결함 그리고 그 결함이 불러온 슬픈 일들을 보고 있노라면, 인간이 우수한 두뇌와 뛰어난 정신 능력 덕에 만물의 영장이 되었다는 주장에 결코 동의하기 어려울 것입니다. 어떤 의미에서 인간만이 가진 정신적 능력은 우리를 신의 위치로 올려주는 은인이 아니라, 동물의 위치로 떨어뜨리는 원흉인지도 모릅니다.

그동안 수많은 연구자가 인간의 마음에 대해, 그리고 마음의 결함에 대해 연구해왔습니다. 하지만 썩 만족스러운 성과를 얻었다고 하기 어렵습니다. 고차원적인 인간 정신은 둘째 치고라도, 당장 겪고 있는 마음의 고통도 잘 해결하지 못합니다. 수백 개가 넘는 정신장애 중 완치가 가능한 것은 손에 꼽습니다. 그래서 한 정신과 의사는 "정신의학의 현재 수준은 100년 전 심장의학 수준에 불과하다."라고 자조 섞인 말을 하기도 했죠. 심각한 질병에 대해서도 이런 사정이니, 일상적인 삶의 고민과 마음의 고통, 소소한 대인 갈등에 대해서도 잘 알 리 없습니다. 다양한 통속 심리학적 조언이 넘쳐나지만, 과학적으로 무엇이 옳은지 자신 있게 대답할 수 없습니다.

매년 천문학적인 연구비가 뇌 연구에 투입됩니다. 덕분에 인간의 뇌에 대한 지식은 엄청난 속도로 축적되고 있지만, 여전히 마음이 무엇인지에 대해서는 대답하기 어렵습니다. 우리의 마음이 왜 아픈지에 대해서는 더더욱 모릅니다. 차라리 그 연구비를 그냥 사람들에게 나누어주면 모두 행복해질 것이라는 농담도 있습니다. 무엇이 잘못되었을까요? 혹시 인간의 마음이란 원래부터 아주 오묘하고 복잡하기 때문에, 영원히 그 비밀을 알 수 없는 것일까요?

기존의 생리의학적 연구 방법은 정신 현상을 뇌와 뉴런, 유전자, 분자 등으로 잘게 쪼개어 설명하는 데 아주 능숙합니다. 그러나 보다 큰 관점에서 정신 현상을 바라보는 데는 아직 서툰 면이 있습니다. 수백만 년이라는 기나긴 시간적 단위와 수천수만의 사회적·생태적 영역이라는 거대한 지리적 단위에서 인간의 마음을 바라보는 것이 필요합니다. 바로 신경인류학이 다루는 주제이자, 제가 인류학을 공부하기 시작한 이유입니다.

신경인류학은 인류학의 한 응용 분과라고 할 수 있지만, 사실상 영역의 한계는 없습니다. 신경생물학, 진화생물학, 심리학, 정신의학, 집단유전학, 인간행동생태학, 인지과학, 민족지학 등 다양한 학문 분야를 포괄합니다. 그러나 물론 여러 학문의 단순한 합은 아닙니다. 기나긴 생물학적 진화와 다양한 문화적 적응을 통해서, 우리의 뇌와 마음이 어떻게 지금과 같은 모습으로 빚어졌는지 여러 측면에서 연구합니다. 이 책에서 다루는 주제, 즉 우리의 마음은 왜 이리 결함이 많은지, 우리는 왜 서로 사랑하고 질투하고 미워하는지, 우리는 왜 가족 안에서 울고 웃으며 살아가는지, 우리는 왜 집단을 이루어 협력하고 속이고 갈등하는지를 연구하는 것이죠.

이 책은 바로 우리 마음이 왜 이렇게 진화했는지, 좀 더 정확하게 말하자면, 왜 이렇게 '허약하게' 진화했는지에 대한 이야기입니다. 인간 정신의 강인함보다는 연약함을 주로 다루고 있습니다. 완전히 입증되지 않은 이야기도 있고, 논란이 분분한 주장도 있습니다. 단지 유력한 가설에 불과한 이야기도 있습니다. 인간의 마음에 관한 진화적 연구가 초보적인 수준에 머무르기 때문입니다. 하지만 책에 잘못이 있다면 가장 중요한 이유는 저의 개인적인 편향과 무지 때문입니다. 다양한 연구자의 주장과 책을 참고하였지만, 책의 모든 실수나 오류는 저의 책임입니다. 아! 한 가지 더. 제목에 오스트랄로피테쿠스라고 되어 있지만 사실 오스트랄로피테쿠스 이야기는 안 나옵니다. 지나가다 딱 한 번 등장합니다.

많은 분의 도움을 받았습니다. 꾸준하게 글을 쓰도록 독려해준 《동아사이언스》 전 편집장 김규태 선배님과 윤신영 기자님, 한세희 기자님, 남혜정 기자님, 《동아사이언스》 모든 직원께 감사드립니다. 또한 처음부터 책을 엮도록 제안해주시고, 이렇게 멋진 책으로 만들어주신 휴머니스트 출판사 모든 분께 감사드립니다. 항상 믿을 수 없는 통찰과 지혜를 주시는 서울대학교 인류학과 박순영 교수님께 깊은 고마움을 표하고 싶습니다. 끝으로 행복한 연구자의 삶을 만끽할 수 있도록 허락해준 아내와 두 아이에게 사랑을 전합니다.

2018년 가을

박한선

차 례

<table>
<tr><td>1장</td><td>내 마음에 조상님이 산다</td></tr>
</table>

2장

사랑과 결혼 그리고 짝짓기

3장 물보다 진한 피와 유전자

4장 원시인들의 현대 사회

1장

내 마음에 조상님이 산다

왜 나는 사소한 것에 집착할까

고등학교 미술 시간이었습니다. 도화지에 밑그림을 그리고, 그 위에 색종이를 오려 붙여서 작품을 만들어야 했는데, 짧은 시간에 완성하는 것은 무리였습니다. 그래서 다음 주까지 해오라는 숙제를 받게 되었죠. 일주일은 긴 시간이었지만, 아마 쉽게 예상할 수 있듯이 미리미리 준비하는 친구는 거의 없었습니다. 저를 포함하여 학생들은 대부분 전날이 되어서야 밤을 새워 숙제를 했죠. 점점 잘라 붙이는 색종이의 크기가 커지고, 나중에는 가위를 쓸 시간도 없어서 손으로 대충 찢어서 붙이기도 했습니다. 내신에 반영되는 것도 아니니 대충 남들 하는 만큼만 하자는 생각이었습니다.

그런데 한 친구는 끝까지 아주 작은 조각을 오려 붙여 작품을 만들었습니다. 시간이 날 때마다 조각을 하나하나 오려 붙였지만, 결국 도화지에 절반도 채우지 못했습니다. 반 정도만 완성된 작품도 아주 훌륭했지만, 아무리 그래도 미완성이었죠. 저처럼 대충 종이를 찢어 붙인 작품보다 낮은 점수를 받았습니다. 더 재미있는 것은 이미 제출 기한이 끝났는데도 그 친구는 자신의 '작품 활동을 지속'했다는 것입니다. 작품이 완성될 때까지 말입니다.

왜 손도끼에 집착했을까

우리는 종종 강박 장애라는 말을 합니다. 그런데 이 강박이라는 말은 너무 많은 개념을 담고 있어서, 어떤 하나의 정신 증상으로 설명하기 어렵습니다. 얼굴에 난 점이 보기 싫다면서 연신 피부를 뜯어내어 주먹만 한 상처를 만드는 행동도 강박이고, 더러운 것이 묻었다면서 하루에도 수십 번씩 피가 나도록 손을 씻는 행동도 강박입니다. 운전 중에 자꾸 앞차 번호판의 숫자를 더하거나 확인하는 것을 반복하는 경우도 있습니다.

강박적 인격이라는 말도 있습니다. 사실 이는 강박 장애와는 상당히 다른 개념입니다만, 언뜻 보면 비슷한 면도 분명 있습니다. 항상 철저한 정리, 질서, 규칙, 완벽함 등을 추구하는 소위 '답답한 FM'들이죠.

강박 증상은 아주 다양하지만, 대표적인 증상으로 완벽한 정확성과 대칭에 대한 집착이 있습니다. 무엇인가에 한번 '꽂히면' 엄청난 집착을 보입니다. 완벽한 형식을 갖춘 보고서를 쓰느라 제출 기한을 넘기는 일은 다반사입니다. 팀 내부에서만 회람할 간단한 보고서임에도 엄청난 정성을 기울입니다. 야근도 자진해서 합니다만, 줄 간격과 장평, 자간을 맞추는 것에 신경을 쓰다 보니 정작 중요한 내용은 놓치기도 합니다. 안타까운 일입니다.

　어느 하나에는 엄청난 강박을 보이면서도 다른 것에는 아주 무관심한 경우도 있습니다. 책장의 책을 크기와 색깔, 종류로 나누어 질서정연하게 배치하면서도 정작 음식물이 썩어가는 싱크대에는 심드렁한 태도를 보이기도 하죠. 가족의 손에 이끌려 온 한 젊은 환자는 너무 오랫동안 씻지 않아 악취가 엄청났는데, 그의 주 증상은 '청결 강박'이었습니다.

　아마 박물관에서 구석기 사람이 만들었다는 손도끼(혹은 주먹도끼)를 본 적이 있을 겁니다. 대칭적인 모양을 갖춘 손도끼는 약 100만~150만 년 전 아슐리안Acheulean 문화기에 만들어졌습니다. 돌을 대충 깨어 만든 올도완Oldowan 석기의 뒤를 잇는데, 물방울 모양으로 양 측면을 정교하게 다듬어서 만들었습니다. 물론 출토 지역이나 시기에 따라서 정교함의 차이가 있지만, 어떤 석기는 현대인의 눈으로 보아도 정말 아름답습니다. 우연히 깨진 것인지 만든 것인지 구분하기 어려운 올도완 석기와는 아주 다릅니다.

처음에는 이러한 손도끼의 용도가 말 그대로 '도끼'라고 생각했습니다. 그런데 실제로 이 석기를 쥐어 보면 다루기가 쉽지 않습니다. 측면이 모두 날카로워 쥐고 있는 손을 다치기 십상입니다. 어떤 인류학자는 이것이 쥐고 다루는 것이 아니라, 던지는 용도의 석기라고 주장했습니다. 이런 모양을 갖추어야 다시 튀어 오르지 않는다는 것이죠. 그런데 이는 물리학적으로 잘 맞지 않습니다. 튀어 오르는 돌이 한 번 타격을 주는 돌보다 더 큰 모멘텀을 전달하기 때문입니다. 그럼 미사일처럼 날아가 동물의 몸에 꽂히도록 설계된 것일까요?

강박과 집착이 낳은 예술

1919년 영국 퍼즈플랫Furze Platt에서 약 30만~40만 년 전에 제작된 것으로 추정되는 석기가 나오면서, '미사일 가설'은 설득력을 잃었습니다. 무게 2.8킬로그램에 길이가 30.6센티미터에 달하는 이 손도끼는 두 손으로도 다루기 어렵습니다. 이 석기를 던져 동물을 잡는다는 것은 도저히 상상하기 어려웠습니다. 게다가 어떤 석기는 고작 2인치(약 5센티미터) 정도에 불과할 정도로 작기도 하죠. 그리고 손도끼는 같은 장소에서 대거 발굴되는 경우가 많은데, 현미경으로 날을 들여다보면 상당수는 전혀 사용한 흔적이 없었습니다. 손도끼는 사실 '손도끼'가 아니었다는 것이죠.

도대체 사용하기도 불편하고, 실제로 사용한 흔적도 없는 손도끼를 오랜 시간 정성 들여 만든 이유는 무엇이었을까요?

1999년 스티븐 미슨Steven Mithen과 마렉 콘Marek Kohn은 이른바 '섹시한 손도끼 가설Sexy Handaxe Hypothesis'이라는 파격적인 주장을 발표합니다(물론 실제 논문 제목은 〈손도끼: 성 선택의 산물인가?Handaxes: Products of Sexual Selection?〉로 좀 점잖았습니다.). 이들은 남성들이 여성의 환심을 사기 위해서 정교한 손도끼를 만들어 과시했다고 주장했습니다. 손도끼가 자신의 지능과 기술, 건강, 예술적 감각을 보여주는 수단이었다는 것이죠. 그렇기에 필요 이상으로 '예쁘게' 만들었으며, 오히려 불편하게 '대칭적' 모양을 띠게 되었다는 것입니다. 너무 크거나 너무 작은 손도끼도 이런 목적이라면 잘 설명할 수 있습니다. 그럼 손도끼가 한 장소에서 무더기로 나오는 이유는 무엇일까요? 다른 사람의 손도끼를 자신의 것처럼 속이는 것을 막기 위해, 여성들 앞에서 직접 제작 과정을 보여주어야 했기 때문이었다는 것입니다.

진화학자 제프리 밀러Geoffrey Miller는 인류 고유의 예술적 능력이 성 선택에 의해 진화했다고 말합니다. 물론 이 가설은 아직 논란이 있습니다. 그러나 인간 사회에서 폭넓게 관찰되는 예술과 문학, 공예, 건축 등 다양한 성취들에 '실용적인' 면이 부족하다는 점에서 직관적 설득력이 있는 주장이기도 합니다. 밀러는

한 걸음 더 나아가, 젊은 남성들이 유독 뛰어난 예술적 능력을 보이는 이유는 이성을 꾀기 위해서라고 했죠. 이런 주장에 많은 여성(그리고 나이든 남성)이 분노하기도 했습니다.

이러한 예술적 집착이 정말 성 선택에 따른 것인지, 그리고 특히 남성이 여성을 유혹하기 위해서 진화한 것인지는 확실하지 않습니다. 아마 어느 정도의 강박적 집착은 성 선택뿐 아니라, 현실적인 이득을 주었을 가능성이 큽니다. 정교한 도구를 만들고 튼튼한 집을 짓는 능력은 예술적인 자질과 아주 유사한 인지적 능력이기 때문입니다. 그리고 꼭 남성이 여성을 유혹하려고 한 것만은 아닐 수도 있습니다. 물론 역사적으로 여성이 이룩한 예술적 업적은 남성에 비해 그 수가 적지만, 이를 단지 자연적인 성 선택의 결과로 보기는 어렵습니다. 여성에 대한 사회적 제약이 줄어든 오늘날 여성 예술가가 크게 늘고 있기 때문이죠.

사소한 것에 집착하는 당신에게

사실 강박이라는 용어는 다양한 증상을 포괄합니다. 예술가들에게서 볼 수 있듯이, 어떤 의미에서는 건강한 '집착'과 전혀 관련이 없는 강박 증상도 있습니다. 그러니 '강박 장애가 예술적 자질의 증거'라고 일반화할 수는 없습니다. 하지만 분명 어느 정도의 집착과 강박을 보이지 않으면, 한 분야에서 특출난 성과를 거두기 어려운 것도 사실이죠. 이는 인간 사회에서만 관찰되는 아주 독특한 현상입니다.

자신이 추구하고 있는 목표를 향한 강박적 집착은 잘만 다룬다면 큰 성공을 향한 밑거름이 될 수도 있습니다. 주변 상황에 적절히 맞추어 다른 사람들과 부딪히지 않고 전체를 조망하는 지혜와 조화를 이룬다면, 무엇인가에 강박적으로 몰두하는 능력은 엄청난 결과를 가져올 수도 있습니다. 아름다운 손도끼에서 시작한 인류 문명의 수많은 걸작은 이러한 강박적 집착이 없었다면 탄생하지 못했을 것입니다.

임상적으로 문제가 되는 수준의 강박과 집착이라면 물론 적절한 치료가 필요합니다. 본인뿐 아니라 주변 사람들도 매우 힘들게 만들기 때문입니다. 많은 분이 강박 장애로 고통받고, 오랫동안 치료를 받습니다. 치료해도 만족스럽지 않은 경우가 적지 않죠. 하지만 자기 자신도 괴롭게 하는 이러한 강박과 집착이 어떤 면에서는 인류가 이렇게 놀라운 진전을 이루도록 만든 동력이었다고 하면 조금은 위로가 될지 모르겠습니다. 비인간적일 정도로 강박적인 집착은, 어떤 의미에서 아주 '인간적'입니다.

임상적인 강박 장애 혹은 강박성 인격 장애는 반드시 정신과 전문의의 상담을 받아야 합니다. 그리고 이 두 종류의 장애는 원인과 증상, 치료, 예후가 전혀 다르며, 각각 다양한 경과를 보입니다. 모든 인간에게 어느 정도의 강박적 성향이 내재되어 있다

고 해서, 심각한 증상에 대해 진단과 치료를 받지 않아도 된다는
것은 아닙니다. 만에 하나 오해하시는 분이 있을까 걱정되어 '강
박적'으로 사족을 덧붙입니다.

시험 때면 찾아오는 불안함

사회가 필요로 하는 기본적인 지식과 기술만 갖추면 어렵지 않게 직장을 구하던 시절은 영영 사라져버린 것일까요? 몇 년 전까지만 해도 직장 생활의 스트레스로 정신과를 찾는 사람이 많았습니다만, 요즘은 직장 생활이라는 것을 해보지도 못한 채 소위 '스펙'만 쌓다가 완전히 지쳐버린 청년들을 더 많이 만나게 됩니다. 하지만 청년실업의 사회적 책임에 대한 논의는 일단 접어두고, 당장 급한 시험 불안, 면접 불안에 관해 이야기하겠습니다.

불안은 보편적 심리 상태

사실 시험 불안은 어제오늘의 이야기가 아닙니다. 조선 시대에 관리로 등용되기 위해서는 반드시 과거 시험을 치러야만 했습니다. 과거 시험의 평균 응시자는 6만 3000명. 하지만 그중 합격의 영광을 맛보는 사람은 초시初試 200명, 복시覆試 33명에 불과했다고 합니다. 최근 인기가 부쩍 높아진 공무원 시험 경쟁률에 못지않습니다. 게다가 '2차 합격자'에 해당하는 복시 합격자 33명은 임금 앞에서 장원급제자를 뽑는 전시殿試라는 시험을 보아야 했습니다. 왕이 면접관인 셈이니, 시험의 '끝판왕'이라고 할 만합니다. 《동의보감東醫寶鑑》에는 장원환壯元丸이라는 처방이 전해지는데, 건망, 불매(불면)과 함께 정충怔忡이라는 적응증을 제시하고 있습니다. 정충이란 바로 심계心悸, 즉 가슴 떨림이 중증에 이른 상태입니다. 장원환을 처방받은 사람 중 몇 명이나 장원급제했을지 모르겠습니다만, 시험 불안은 현대인들만 겪는 심리적 고통은 아닌 것 같습니다.

불안이라는 정동 상태는, 포유류 전반에서 관찰되는 보편적인 심적 상태입니다. 중추신경계의 불안 회로는 두 가지 갈래로 나뉩니다. 하나는 인지회로이고, 다른 하나는 시상회로죠. 시상 반응은 아주 신속하며, 의지로 조절할 수 없는 자동적인 반응으로 나타납니다. 이에 대해서 심리학자 마틴 셀리그만Martin E. P. Seligman은 준비화 이론이라는 것을 주장했습니다. 이에 따르면, 특정 대상에 대해서는 불안 반응이 아주 쉽게 조건화되며, 한번 조건화되면 소거하기가 대단히 어렵죠. 영화 〈레이더스Raiders of the Lost Ark〉의 주인공 인디아나 존스는 아주 용감하면서도 지적인 인물입니다. 그러나 뱀을 보면 거의 반사적으로 격렬한 공포 반응을 보이죠. 본인도 그런 자신의 반응이 합리적이지 않다는 것을 잘 알고 있습니다. 하지만 도무지 의지로 조절할 수 없어서 애를 먹고는 하지요. 이처럼 그 사람의 다른 능력과는 완전히 별개로 일어나고, 또한 의식으로 조절할 수 없는 공포 모듈의 특징을 밀봉성encapsulation과 자동성automaticity라고 합니다. 이러한 원시적 뇌는 파충류 시대부터 진화했다고 해서, 파충류 뇌 reptilian brain 혹은 R-Complex라고 부르기도 합니다.

시험 불안, 특히 면접 불안은 바로 이러한 자동적인 불안 반응의 발현이라고 할 수 있습니다. 서열에 기반을 둔 집단생활을 하는 영장류는 자신보다 서열이 높은 개체에 심한 불안과 두려움을 느끼고는 합니다. 높은 서열의 침팬지와 낮은 서열의 침팬지를 억지로 좁은 우리에 같이 있게 하면, 낮은 서열의 침팬지는 제대로 먹지도 못하며 안절부절못합니다. 만성적인 우울증에 빠지기도 하지요. 높은 사람에 대한 불안과 두려움은, 우리가 원시 시대부터 진화해온 뇌를 가지고 있는 이상 결코 피할 수 없는 현상입니다. 자신의 사회적 위치를 결정할 수 있는 시험, 그리고 자신의 인생을 결정할 수도 있는 면접관 앞에서 극도의 불안을 느끼는 것은 어찌 보면 자연스러운 일입니다.

불안한 나를 위한 세 가지 방법

인간은 이러한 자동적 반응 외에 또 다른 회로를 동시에 발달시켜왔습니다. 앞서 우리의 불안 회로 중 하나가 인지 회로라고 하였습니다. 이를 심리학자 야크 판크세프Jaak Panksepp는 '높은 길'이라고 불렀는데, 즉 자동적이고 원시적인 '낮은 길'과 달리 느리지만 의식적인 노력으로 조절할 수 있는 회로라는 것입니다. 이런 의미에서 보면, 과거 시험의 마지막 단계인 전시를 왕 앞에서 치른 뜻을 짐작할 수 있을 것 같습니다. 응시자의 지식과 지혜만을 본 것이 아니라, 임금 앞에서도 주눅 들지 않고 당당히 소신을 밝힐 수 있는 선비 정신, 즉 인지 회로를 얼마나 잘 조절할 수 있는지를 가늠하려 한 것인지도 모르겠습니다.

그러면 당장 중요한 시험을 앞둔, 그리고 면접을 치러야 하는 우리는 어떻게 해야 할까요? 불안의 정도는 개인적인 소인이나 상황, 전반적인 사회 환경에 따라 다양하게 나타나기 때문에 모두에게 해당하는 비방 같은 것은 없습니다. 가장 중요한 것은, 치료가 필요한 수준의 심각한 불안장애를 앓고 있는 것은 아닌지 확인해보는 것입니다. 약물치료가 필요한 불안장애가 있음에도, 단지 수줍음이나 소심함 정도로 가볍게 생각하는 경우가 적지 않습니다. 이런 경우에는 간단한 약물치료로도 큰 효과를 볼 수 있습니다. 종종 다양한 방식의 인지행동 요법을 병행하여 더 좋은 효과를 볼 수도 있습니다.

심각한 불안장애는 아니지만, 시험 불안이 지나치게 심할 때는 어떻게 해야 할까요? 몇 번이나 시험에 떨어졌거나 당장 취업을 해야만 하는 절박한 상황일 경우, 사회 전체가 극심한 불황에 빠진 경우 등이라면, 시험 불안을 단순히 개인의 정신적 문제로 치부할 수는 없을 것입니다. 이미 명상, 호흡법, 인지 패턴 교정 등 다양한 방법이 제시되어 있습니다만, 신경인류학적 맥락에서 가장 핵심적인 조언을 드리겠습니다.

첫째, 현대 사회에서 시험은 더 많아질 것입니다. 시험 성적을 통해 직업과 직장을 결정하는 시스템이 옳은지는 모르겠지만, 혈통이나 계급을 통해 결정되는 시스템보다는 나은 것이 확실합니다. 시험 걱정이 없는 원시사회나 봉건사회로 돌아가고 싶지 않다면, 시험 불안을 받아들이는 것 외에 도리가 없습니다(수용).

둘째, 불안을 느끼는 자기 자신을 있는 그대로 바라보는 것입니다. '높은 길' 위에 서서, 마음속에서 이리저리 배회하는 원시적 불안이 잠잠해지기를 지켜봐주세요. 두려움에 떨며 쫓기는 짐승을 달래려면, 섣불리 다가서지 말고 마음이 누그러질 때까지 기다려주어야 합니다(관조).

셋째, 그냥 갈 길을 가야 합니다. 당장 시험지를 받았거나 면접장에 들어섰으면 더 기다릴 시간도, 지켜볼 것도 없습니다. 심각한 공황발작이 아니라면, 대개는 불안을 느끼면서도 상당한 수준의 수행 능력을 보일 수 있습니다. 심지어 약간의 불안은 성취도를 오히려 높인다는 연구도 있습니다. 게다가 면접관은 지원자가 불안해한다는 사실을 알고 있기 때문에, 다소의 불안을 보인다고 해서 낮게 평가하지는 않습니다(행동).

안전한 환경에서 불안스러운 자극을 많이 접하면, 점점 불안이 줄어든다고 합니다. 뱀을 끔찍이 싫어한 인디아나 존스. 그는 시간이 날 때마다, 동물원이라도 가서 뱀 구경을 했으면 좋았을 것입니다. 좀 더 안전한 모험을 할 수 있었을지도 모르죠. 면접을 준비할 때, 예상 질문만 혼자서 열심히 공부하는 것보다는 주변의 은사님이나 집안의 어른, 높은 선배님 등을 자주 만나서, 이른바 '서열'이 높은 사람 앞에서 편안하게 대화하는 연습을 해 보는 것도 좋겠습니다.

인간이 거짓말을 하는 이유

최초의 인간, 아담에게 조물주는 '좋음과 좋지 않음을 알려주는 지식의 나무tree of knowledge of good and evil'의 열매, 즉 선악과를 먹지 말라고 당부합니다. 하지만 그는 뱀의 꼬임에 빠진 아내 이브와 함께 열매를 먹습니다. 그리고 부끄러움을 알게 되어 나뭇잎으로 자신의 몸을 가립니다. 왜 열매를 먹었냐는 신에게, 이브가 권하길래 먹었다며 거짓말로 변명했다고 합니다. 최초의 거짓말입니다.

인간, 거짓말을 하는 유일한 동물

이브가 최초의 거짓말쟁이라는 주장도 있습니다. "선악과를 먹지 말라."고 한 계율을, "선악과를 먹지도, 만지지도 말라."고 왜곡하여 뱀에게 전했기 때문입니다. 게다가 유대교 신화에 따르면, 창세기에 등장하는 뱀은 사실 뱀이 아니라 릴리트Lilith라는 여성입니다. 아담의 첫째 아내입니다. 그래서 선악과를 먹어도 죽지 않는다고 말한, 릴리트가 최초의 거짓말쟁이라는 주장도 있습니다. 최초의 거짓말쟁이 자리를 놓고 경쟁이 자못 치열합니다.

사실 거짓말은 인간의 고유한 능력(?)입니다. 고릴라가 거짓말을 했다는 극히 드문 사례 보고가 있고, 까마귀나 늑대가 기만적인 방법으로 먹이를 구한다는 주장이 있기는 합니다. 하지만 이런 사례는 일반화하기도 어렵고, 솔직히 '거짓말'이라고 하기도 석연치 않습니다. 그런데 인간은 네 살 반만 되어도 다른 사람의 말을 꾸며서 인용하기 시작합니다. 여섯 살이 되면, '거짓'으로 울거나 웃을 수 있습니다. 학교에 들어가기도 전에 거짓말부터 배우는 것입니다.

거짓말을 하는 데는 다양한 능력이 필요합니다. 상대방과 자신이 가지고 있는 정보의 수준을 가늠하고, 거짓말을 했을 때 따를 이득과 손해를 계산한 후에, 상대방이 믿을 만한 방식으로 이야기를 만들어내야 합니다. 고도의 메타 표상 능력이 필요합니다. 그럼에도 아무 훈련 없이 스스로 습득해냅니다. 그래서 진화심리학에서는, 인지적 기만 능력이 생존에 대단히 유리한 형질이었다고 간주하고 있습니다.

거짓말이 진화하면서, 다른 사람의 거짓말을 탐지하는 능력도 함께 진화하였습니다. 거짓말 능력과 탐지 능력은 점점 세련되어집니다. 일본에 이런 사례가 있었습니다. 숙제를 왜 가져오지 않았냐는 선생님의 질문에 한 학생이 "숙제를 하지 않았다."고 대답한 것입니다. 그런데 사실 그 학생은 숙제를 했지만, 깜박 잊고 가져오지 않은 것이었습니다. 선생님이 '숙제를 하지 않았음에도, 가져오지 않았다고 거짓말을 하는 학생'으로 생각할까 걱정되어, 아예 "숙제를 하지 않았다."고 거짓말을 한 것입니다. 이쯤 되면, 진실 자체는 전혀 중요하지 않게 되어버린 꼴입니다.

거짓말을 잘하는 가장 좋은 방법은, 본인도 속는 거짓말, 즉 자기기만self-deception을 하는 것입니다. 진화학자 로버트 트리버스 Robert Trivers는 이러한 자기기만의 진화가 어떻게 가능한지를 설명한 바 있습니다. 간단히 말해서 남을 완벽하게 속이려면 자기 자신도 진실을 모르게 하는 것이 가장 유리하다는 것입니다.

자기기만의 함정

물론 자기기만이라는 전략은 장기적으로 지속 가능한 전략, 즉 건강한 전략은 아닙니다. 이러한 자기기만의 인지 모듈이 진화하는 것은 이론적으로는 가능하지만, 과연 이를 지시하는 유전자가 있는지, 혹은 전적으로 학습에 의한 것인지는 아직도 논란입니다. 또한 자기기만의 전략은 주로 경계성 인격장애나 자기애성 인격장애 등 일부 병적 성격과 관련이 많습니다. '병적인' 전략이 진화하는 과정은 빈도 의존성 선택이나 대안적 번식 전략 등으로 설명하지만, 너무 어려우니까 넘어가겠습니다.

자기기만은 내적 모순을 가지고 있습니다. 자기 스스로 거짓된 사실을 진실로 기만하려면, 먼저 그것이 '거짓말'이라는 사실을 알고 있어야 합니다. 처음부터 진실로 생각했다면, 그건 그냥 잘못 알고 있는 것입니다. 그래서 자기기만은, 동시에 두 가지 상태—진실이라고 생각하면서 동시에 거짓이라고 생각하는 상태—를 유발합니다. 그래서 철학자 알프레드 밀Alfred R. Mele은 이것을 자기기만의 역설이라고 하였습니다. 어떻게 이런 모순적 상태가 가능할까요?

이를 보여주는 아주 유명한 실험이 있습니다. 사람들은 보통 녹음된 자기 목소리를 들으면 좀 이상하다고 느낍니다. 자기 목소리가 아니라고 하는 사람도 있죠. 하지만 여러 목소리 중에서 자신의 목소리를 들으면 피부의 전기 전도율이 조금 다르게 변한다는 사실이 알려져 있습니다. 실제로 자기 목소리가 아니거나 혹은 완벽하게 자신의 목소리를 착각하면 전도율이 변하지 않습니다. 연구자는 일부러 몹시 어려운 과제를 주어, 사람들을 의기소침하게 만들었습니다. 그리고 녹음된 목소리를 들려주자,

전기 전도율 변화와 관계없이 많은 사람이 자기 목소리가 아니 ·
라고 응답했습니다. 간단히 말해서, 기분 상태에 따라 자기기만
이 일어난 것입니다.

즉 자기기만은 완벽할 수 없습니다. 일부 인격장애 환자에게
나타나는 심각한 수준의 자기기만 역시 완벽하지는 않습니다.
완벽하게 자신을 속이는 순간, 기만이 주는 적응적인 이득이 사
라져버립니다. 반드시 어떤 형태로든 내적으로 그 '진실'을 알고
있어야 합니다. 연구에 따르면 자기기만의 수준은 대상에 대한
욕망이 강하거나 불안이 심할 때 특히 증가한다고 합니다. 무엇
인가를 얻기 위해서 혹은 소중한 것을 잃고 싶지 않아서 억지로
자신을 속이는 것입니다. 이런 상태는 오래갈 수 없습니다.

직장 상사의 거짓말을 말없이 들어주는 일은 참 고역입니다.
게다가 그 거짓말이 자신에게 피해를 주는 험담이라고 하면, 정
말 견디기 어렵습니다. 하지만 대놓고 반발하면 '저렇게 제멋대
로인 것을 보니 역시 상사의 지적이 일리가 있군'이라는 식의 주
변 반응을 유발하기 쉽습니다. 힘없는 부하 직원이니 이러지도
저러지도 못합니다. 상사는 화려한 거짓말을 사용하는데, 부하
는 그저 원칙대로 응하는 수밖에 없습니다. 그래서 권력을 가진
윗사람의 거짓말은, 권력이 없는 아랫사람의 거짓말보다 더 해
롭습니다.

정치인의 거짓말 네 단계

　1988년 일본에서는 이른바 리크루트 사건 リクルート事件이라는 정치 스캔들이 일어났습니다. 당시《아사히신문》의 보도와 일본 검찰의 대대적인 수사로, 뇌물을 받은 다케시다 수상 및 나카소네 전 수상, 미야자와 대장상 등 정치 거물들이 대거 물러났습니다. 또 이 여파로 인해 자민당 1당 우위라는, 이른바 일본 정치사의 55년 체제가 무너졌습니다. 당시 사건을 조사한 한 문헌에 의하면, 권력자, 즉 정치인의 거짓말은 다음의 네 단계를 거쳤다고 합니다.

　첫째, 의심을 받으면 '단 1원도 받은 적이 없다'면서 몹시 화를 내며 부정한다.

　둘째, 들통이 나면 '비서나 담당자에게 물어보겠다'라고 하고, '물어보니 받은 적이 없다고 하더라, 그러니 받은 적 없는 것이다'라고 한다.

　셋째, 문제가 더욱 불거지면 '비서나 담당자가 받은 것을 감추고 있었다. 나에게 거짓말을 했다. 나도 모르는 일이었다'라고 한다.

　넷째, 도저히 어쩔 수 없으면, '나는 아무 잘못이 없으나, 결과적으로 국가적 물의를 일으켰으니 자숙하고 책임지겠다'고 한다.

　　　　　　　　　　　　　　　　　　　－ 시부야 쇼조, 《거짓말 심리학》

사실 정신의학적으로 병적인 인격장애를 가진 경우가 아니라면, 이런 식의 무분별한 자기기만 전략은 아주 취약한 상황(무리한 이익을 꾀하거나, 큰 위기에 봉착한 경우)에서 일시적으로 나타납니다. 사실 기만 전략은 진화적으로 안정된 전략이 아닌데, 이는 자기기만도 마찬가지입니다. 따라서 노골적으로 자기기만적 거짓말을 하는 상사가 있다면, 그 상사는 직장 내에서 몹시 어려운 상황에 빠진 것인지도 모릅니다. 그런 전략은 이내 궁지에 몰리게 됩니다. 이런 상사를 다루기 위해서는 지혜가 필요합니다.

정치인들은 금세 드러날 거짓말을 일삼습니다. 반대로 유언비어도 난무합니다. 근거가 부족할수록, 더 확신에 차 말합니다. 자기기만의 시대입니다. 서기 395년, 성 아우구스티누스Sanctus Augustinus는 《거짓말에 관하여De mendacio》라는 책에서 다음과 같이 말한 바 있습니다.

"누구도 거짓말을 해서는 안 된다. 설사 생명을 구하기 위한 것이라도 거짓말을 해서는 안 된다. 육신의 생명보다 영혼의 생명이 더 중요하기 때문이다. 정신적인 선을 얻기 위한 거짓말도 안된다. 정신적인 선은 오로지 진리 가운데 있는 것이지, 거짓말쟁이가 얻을 수 있는 것은 아니기 때문이다."

– 마리아 베테티니, 《거짓말에 관한 작은 역사》

나만 똑똑하고 합리적이라는 착각

암기 위주의 입시를 바꾸어야 한다는 말은 절대적인 가치를 가진 것처럼 보입니다. 주입식 교육만 아니었다면 더 좋은 성적을 얻고 더 좋은 대학을 갈 수 있었을 것이라고 한탄하는 사람이 많습니다. 그러나 정말 그럴까요? 당신은 정말 풍부한 창의력과 정확한 판단력, 유연한 응용 능력을 가지고 있지만, 단지 기억력이 부족한 것일까요? 안타깝게도 대개는 그 반대입니다.

난 정말 똑똑해

자신의 기억력을 한탄하는 사람은 많습니다. 그러나 자신의 판단력을 탓하는 사람은 별로 없습니다.

'난 암기력이 부족할 뿐이라고. 어차피 책과 인터넷에 필요한 정보가 다 있는데 말이지. 정보만 충분하다면 판단력에서는 나를 따를 이가 없을걸.'

인류는 합리적 사고 능력에 큰 자부심이 있습니다. 일단 그 어떤 동물보다 인간이 가장 똑똑하다고 믿습니다. 그리고 남성은 남성이, 여성은 여성이 더 똑똑하다고 생각하죠. 우리 국민이, 우리 동문이, 우리 집안이 훨씬 똑똑하다고 믿는 사람도 많죠. 이는 아주 보편적인 현상입니다.

심지어 학자들도 그렇게 믿었습니다. 1960년대에는 '합리적 최적화'라는 개념이 거의 모든 학문 분야를 지배했습니다. 인간은 어떤 상황에서든 최적의 의사 결정을 하도록 방향 지어져 있다는 주장입니다. 이러한 가정을 배경으로, 사람들은 최적의 구매 행위를 하고, 최적의 배우자를 선택하며, 최적의 건강 관련 행태를 보인다고 추정했죠. 물론 '틀린' 가정입니다.

게르트 기거렌처Gerd Gigerenzer와 라인하르트 젤텐Reinhard Selten은 이를 무제한 합리성 모델이라고 했습니다. 각 개인이 무제한적인 인지 능력과 무한대의 정보 접근성을 가지고 있다면 아마 정확한 판단을 할 수 있을 것입니다. 그러나 현실에서는 있을 수 없는 일입니다. 일상적인 의사 결정은 제한된 정보와 촉박한 시간이라는 조건에서 이루어집니다.

예를 들어 집을 산다고 생각해봅시다. 가장 정확한 판단을 하려면 지구상의 모든 지역에 대한 무한대의 정보를 확보해야 합니다. 환율과 지가의 변동 양상, 주변 지역의 개발 가능성, 기후와 지형 등의 환경 요인, 주변 사람들의 특성과 교육 여건 등을 모두 파악하면, 가장 좋은 집터를 찾을 수 있을 것입니다. 그러나 이런 식으로는 평생 집을 사지 못할 것입니다.

2002년에 노벨 경제학상을 수상한 대니얼 카너먼Daniel Kahneman은 원래 심리학자였습니다. 그는 이른바 기대-효용 이론, 즉 최적성에 바탕을 둔 경제 이론이 현실과 맞지 않는다는 것을 밝혔습니다. 인간의 의사 결정은 처음부터 오류의 가능성을 전제하고 있다는 것이죠. 행동경제학의 시작입니다.

당신은 게임에 참여하게 되었습니다. 어떤 보상을 받을지 선택할 수 있습니다.

당신은 5할의 확률로 500만 원을 받을 수 있습니다. 혹은 10할의 확률로 250만 원을 받을 수 있습니다.

이 질문에 어떻게 답하시겠습니까? 많은 사람이 둘째 선택지를 골랐습니다. 하지만 합리적으로 보면 결과는 동일합니다. 둘째 선택지는 위험을 회피할 수 있기 때문에 선호되지만, 사실 기댓값은 동일합니다.

당신은 0.001퍼센트의 확률로 100억 원을 받을 수 있습니다. 혹은 0.002퍼센트의 확률로 50억 원을 받을 수 있습니다.

무엇을 선택하시겠습니까? 많은 사람이 첫째 선택지를 골랐습니다. 물론 합리적으로 보면, 결과는 동일하죠. 하지만 확률이 아주 작은 경우 사람들은 더 큰 액수를 고르는 경향이 있습니다. 어차피 가능성이 작으니 대박을 노리는 것이죠. 하지만 완전히 비합리적인 결정입니다. 카너먼의 이론은 이러한 경향을 잘 설명해줍니다.

사람들은 자신이 내리는 판단이 '실제보다' 더 옳다고 생각합니다. 다음 문제를 보죠.

목포와 여수 중 인구가 더 많은 도시는?

여수나 목포 주민도 쉽게 답하기 어려운 질문입니다. 하지만 일단 답을 한 뒤에 다음과 같은 질문을 하면 어떨까요?

당신이 말한 답이 정답일 확률은?

사람들은 대부분 자신이 정답을 맞혔다고 생각합니다. 비슷한 연구에서, 자신은 100퍼센트 정답을 알고 있다고 대답한 사람의 실제 정답률은 80퍼센트 정도에 불과했습니다. 이를 확증 편향이라고 합니다. 즉 결정을 내리고 난 뒤 자신의 결정을 지지하는 정보만 선택적으로 수집하는 경향이죠. 우리는 자신의 판단과 결정을 '실제보다' 더 과도하게 신뢰합니다.

아마 당신이 오늘 내린 판단은, 당신의 학창 시절 성적처럼 형편없을 수도 있습니다. 다만 당신에게는 잘못을 지적해줄 선생님, 명백하게 드러나는 성적표가 없을 뿐이죠. 내 입맛대로 판단하고, 그 결정을 지지하는 증거만 수집하면 마음은 편안할지 모릅니다. 정말 현명한 사람은 자신의 기억력만이 아니라 판단력도 의심할 수 있는 사람입니다.

먹방 시대의 심리학

    날씬하고 건강해지고 싶은 것은 모든 현대인의 바람입니다. 하지만 쉬운 일은 아닙니다. 아침에 다이어트를 하겠다고 결심했지만, 저녁에는 어느새 치킨과 맥주를 즐기고 있습니다. 달콤한 딸기 케이크까지 해치워버리고는 이내 후회를 다락같이 합니다. 의지력에는 자신이 있다는 사람들도 식욕에는 어김없이 무릎을 꿇고 맙니다. 원래 인간이란 나약한 존재라고 변명해도 될까요? 그런데 최근 들어 식욕과 싸움에서 무참히 패배하는 사람들이 점점 더 많아지고 있습니다.

식욕은 왜 죄가 되었는가

기독교에서 말하는 일곱 가지 죄가 있습니다. 교만, 질투, 분노, 탐욕, 나태, 정욕, 그리고 탐식입니다. 그런데 다른 것은 그렇다 치더라도 탐식이 왜 죄라는 것인지 의아합니다. 많이 먹는 것이 건강에 안 좋을 수는 있지만, 도대체 '죄악'이라고까지 해야 할까요? 다른 사람에게 해를 끼치는 것도 아닌데 말이죠.

교부철학자들은 일곱 가지 죄악 중에서 가장 저급하고 강력한 죄악이 바로 탐식gula이라고 생각했습니다. 탐식이 육체의 죄를 낳는 씨앗이라는 것이죠. 모든 욕망 중에서 음식에 대한 욕망이 가장 극복하기 어렵다는 것을 잘 알고 있던 것입니다.

문명사회에서 가장 문제가 되는 질병은 다름 아닌 비만입니다. 미국인 중 비만한 사람은 전체 인구의 30퍼센트가 넘습니다. 과체중 상태를 포함하면 거의 절반 이상입니다. 잘 알다시피 비만은 고혈압, 당뇨병, 심장 질환, 관절염, 암 등 다양한 질병을 유발합니다. 실제로 미국에서 일어나는 사망 다섯 건 중 한 건은 비만과 관련이 있습니다. 전 세계적으로 볼 때, 영양 부족으로 죽는 사람보다 영양 과다로 죽는 사람이 훨씬 많습니다. 미국에서만 매년 1500억 달러가 비만과 관련된 의료비로 지출됩니다.

아이러니한 일이지만, 문명사회에서도 굶어 죽는 사람이 있습니다. 미국에서만 매년 5만 명 이상이 아사하는데, 이들의 진단명은 '거식증'입니다.

인류가 지금처럼 풍족한 환경에서 살게 된 것은 100년이 채 되지 않습니다. 수백만 년 동안 인류는 굶주림과 싸웠습니다. 야생 환경에서는 식량을 구하기가 쉽지 않습니다. 구석기 시대의 조상들은 주로 사냥과 채집을 통해서 먹을 것을 구했는데, 둘 다 녹록한 일이 아니었죠. 사냥의 성공률은 절반도 되지 않습니다. 여성들은 주로 식물의 열매나 뿌리를 채취했는데, 열매는 사시사철 나는 것이 아닙니다. 뿌리 식물은 땅 깊은 곳에 숨어 있죠.

늘 굶주림에 시달리던 인류의 몸과 마음은 다음과 같이 진화했습니다. 첫째, 우리의 마음은 달고 기름진 것을 좋아하도록 적응했습니다. 야생의 환경에서는 이런 음식을 얻기 어렵습니다. 열매나 꿀, 그리고 다른 동물의 고기 등인데, 모두 양질의 에너지원입니다. 인간은 육즙이 흐르는 고기와 달콤한 열매를 좋아합니다. 과거 조상들이 생각하는 파라다이스는 바로 이런 음식이 넘쳐나는 곳이었죠.

둘째, 우리의 몸은 에너지를 절약하도록 적응했습니다. 이를 절약 유전자 가설이라고 합니다. 섭취한 에너지를 가장 효율적으로 활용하는 것입니다. 조금이라도 잉여 에너지가 들어오면, 차곡차곡 지방으로 바꾸어 저장합니다. 내일은 굶을 수도 있기 때문이죠. 아주 연비가 우수한 자동차입니다.

더불어 문화적 적응도 한몫했습니다. 음식을 굽고, 삶고, 튀기고, 볶습니다. 다양한 방식으로 조리하면서 에너지의 흡수율을

높였습니다. 인류학자 리처드 랭엄Richard Wrangham은 불로 요리를 하면서 인류가 크게 진화했다고 주장합니다. 바로 요리 가설이죠.

식욕이 지배하는 문화

현대 사회에 접어들면서 인류는 두 가지 예상하지 못한 문제와 맞닥뜨렸습니다.

첫째, 먹을 것이 풍부해지면서 과도하게 축적되는 에너지를 주체할 수 없게 되었습니다. 게놈 지연 가설에 따르면, 현대인의 질병 상당수는 과거의 환경에 적응한 몸이 현대 문명의 급격한 변화를 따라가지 못해서 일어납니다. 아프리카나 남아메리카 등지에는 아직도 수렵채집 방식으로 살아가는 사람들이 있습니다. 이들은 대사성 장애를 거의 앓지 않습니다. 그래서 비만으로 인한 질병을 '문명의 질병'이라고 합니다.

둘째, 마음에도 문제가 생깁니다. 교부철학자들이 탐식을 죄악의 반열에 올린 이유죠. 탐식은 크게 다섯 가지로 나뉘는데, 급하게 먹는 것, 게걸스럽게 먹는 것, 지나치게 먹는 것, 까다롭게 먹는 것, 사치스럽게 먹는 것입니다. 대부분 현대 의학에서 말하는 식이 장애의 증상입니다.

식이 장애 중에 식욕이 지나치게 떨어지는 상태를 신경성 식욕부진증이라 합니다. 과거에는 아예 존재하지도 않은 병입니다. 수십 년 전부터 크게 늘어나고 있는데, 체중 증가에 대한 극도의 두려움, 그리고 과도하게 까다로운 식이 조절이 특징입니다. 어떤 환자는 말 그대로 '밥알을 세어' 먹습니다. 열 알 정도 먹고는 그만 먹습니다. 더 먹으라고 하면, 아주 고통스러워합니다. 심각한 신경성 식욕부진증 환자 세 명 중 한 명은 결국 '굶어' 죽습니다.

반대로 신경성 폭식증도 점점 많아지고 있습니다. 보통 사람의 서너 배나 되는 음식을 순식간에 먹어 치웁니다. 도저히 상상할 수 없는 양이죠. 그러고는 종종 먹은 것을 모두 토해내기도 합니다. 충동을 억제하지 못하고 마구 먹다가 이내 죄책감에 시달리면서 괴로워합니다. 이런 증상이 반복되면서 폭식과 구토는 일상이 되고, 몸과 마음은 점점 망가집니다.

식이 장애에 이를 정도로 심한 경우가 아니라고 해도, 최근의 대중문화는 '식욕'이 지배하고 있습니다. 텔레비전에서는 연이어 요리 대결을 펼치거나 맛집을 알려주는 프로그램이 선보이지만, 좀처럼 인기가 식지 않습니다. 심지어는 자신이 먹는 모습을 찍어 돈을 벌기도 합니다. 흔히 말하는 '먹방'입니다. SNS는 온통 먹음직하고 값비싼 음식 사진의 경연장입니다. 누가 맛있는 음식을 먹는지 경쟁이라도 하는 것 같습니다. 음식 포르노의 시대라는 한탄도 있습니다.

도대체 어디서부터 잘못된 것일까요?

뇌 안의 쾌락 중추는 다양한 자극을 구분하지 않고 활성화됩니다. 과장해서 말하면, 오랜 준비 끝에 시험에 합격할 때 느끼는 '의미 있는' 쾌락과 딸기 케이크를 먹을 때 느끼는 '값싼' 쾌락은 동일합니다. 최소한 쾌락 중추에서는 말이죠. 그래서 직접 먹지 않고도 '먹방'이나 '쿡방'을 보면 어느 정도 '행복감'을 느낄 수 있습니다. 가짜 행복입니다. 물론 곧 허기가 찾아오고, 다시 채워야 합니다. 먹방과 쿡방이 중독성을 가진 이유죠.

사회적 성취나 인간관계에서 느끼는 행복과 슬픔도 본질은 같습니다. 쾌락과 좌절, 포만감과 허기는 점점 경사가 급한 롤러코스터처럼 오르내립니다. 이러한 내적 불안정성이 식욕에 관해서는 쿡방, 먹방 열풍과 다이어트 열풍이라는 모순적인 문화 현상으로 나타나는지도 모릅니다. 극단적 쾌락을 향하는 천박한 문화적 풍토는, 음식에서도 예외가 아닙니다.

음식에 대한 집착의 상당수는 보상성 행동입니다. 스트레스를 받아서 먹고, 짜증이 나서 먹고, 슬퍼서 먹고, 심심해서 먹습니다. 만족스럽지 않은 약간의 심리적 허기를 못 견디기 때문에, 끊임없이 먹는 것입니다. 심리적 공허함을 먹는 것으로 해결해서는 곤란합니다. 먹는 것 외에 다른 건강한 방법을 이용하는 것이 좋습니다.

만남을 통한 기쁨이나 목표의 성취 등 시간이 오래 걸리는 만족은 기다리기가 힘듭니다. 당장 먹으면 행복한데, 오랫동안 노력해야 얻는 행복이 눈에 차지 않는 것입니다. 그러나 진짜 가치 있는 것은 기다려야만 얻을 수 있습니다. 만족의 지연을 기다릴 수 있어야 합니다. 가급적 직접 음식을 해 먹으면서, 조금은 지루한 준비의 과정을 견딜 수 있어야 합니다.

더 현실적인 방법으로는, 먹방과 쿡방도 자제하는 것이 좋습니다. 맛있는 것을 보고 이를 먹으면서 숨이 넘어가도록 과장된 행복감을 연출하는 연예인의 모습을 보면 심리적 장벽이 허물어집니다. 연출이라는 것을 알면서도 우리의 마음은 소위 대가가 만들었다는 최상의 음식에 대한 연예인의 호들갑스러운 반응에 쉽게 넘어갑니다. 여러분이 보고 있는 그 멋진 음식은 사실 여러분의 상상이 만들어낸 것입니다.

《중용中庸》에 이르기를 "사람이 마시고 먹고 하지 않는 이가 없지만, 능히 맛을 아는 이는 드물다. 도는 떨어질 수 없는 것인데 사람이 스스로 살피지 못하니, 과함과 부족함의 폐가 있다(人莫不飮食也 鮮能知味也 道不可離 人自不察 是以 有過不及之弊)."라고 했습니다. 식욕에 지배당하는 현대인이라면, 다시 한번 음미해볼 말입니다.

아무것도 결정하지 못하는 사람들

권한과 책임이 명확하지 않은 것이 복잡한 현대 사회의 특징 중 하나입니다. 그러다 보니 어떤 때는 "마음대로 일을 처리했다."고 혼이 나고, 어떤 때는 "생각 없이 시키는 대로만 한다."고 혼이 납니다. 이러지도 저러지도 못하며, 그저 오늘 하루 무사하기만을 바랄 뿐입니다.

사회생활을 해본 분은 잘 알겠습니다만, 현대인의 삶은 매일매일 지뢰밭을 건너는 것과 같습니다. 문제가 생기면 책임질 사람을 찾는 것이 조직 사회의 생리입니다. 보통은 '시키는 대로' 하지 않은 사람이 책임을 지죠. 그래서인지 많은 현대인은 스스로 생각하기를 멈추고, 위에서 혹은 주변에서 시키는 대로 하는 편을 택합니다. 누가 왜 그랬냐고 탓하면, "지시대로 했을 뿐입니다."라고 대답할 준비라도 하고 있는 듯이 말이죠.

결정 장애 부추기는 사회

정신과 진료실에 있다 보면 실제로 아무것도 '선택하지 못하는' 환자들이 찾아오곤 합니다. 불안이 심한 경우도 있고, 판단력이 떨어진 경우도 있습니다. 무엇이 좋은지는 알지만 우울감으로 인해 자신있게 결정을 내리지 못하는 경우도 있습니다. 드물게는 두 가지 상반된 감정을 동시에 느끼는 특이한 증상을 보이는 분도 있습니다. 분명 적극적인 정신과 치료가 필요한 경우입니다.

수많은 현대인이 경험하는 결정 곤란 성향이 단지 정신적인 문제에서 오는 것이라고 쉽게 '결정' 내릴 수는 없습니다. 너무 많은 선택지가 있는 현대 사회, 그리고 수많은 사람이 자신을 지켜보는 사회적 분위기, 어린 시절부터 끊임없이 강요된 결정(시험) 스트레스 등으로 많은 사람이 소위 '결정 장애'라는 것을 앓고 있다고 합니다.

결정 장애는 햄릿 증후군Hamlet Syndrome으로도 불립니다. 윌리엄 셰익스피어William Shakespeare의 희곡 《햄릿The Tragedy of Hamlet》에서 주인공이 보여준 우유부단함에 기인한 것으로 보입니다. 하지만 원래 햄릿 증후군은 정신장애를 핑계로 자신의 법적 책임을 피하려는 현상을 뜻하는 말입니다. 정확한 출처는 알 수 없지만 최근 신문이나 방송 등에서 결정 장애라는 말이 유행하면서, 햄릿 증후군이라는 말도 새로운 의미를 지니게 된 것 같습니다.

흥미롭게도 소위 '결정 장애 자가 진단 테스트'라는 것이 있습니다. 도무지 출처를 알 수 없는 이 자가 진단법에는 다음과 같은 문항들이 있습니다. "남이 골라준 메뉴를 그냥 따른다", "혼자서는 쇼핑을 못 한다", "질문에 대한 대답은 주로 '글쎄', '아마도' 등이다" 등 총 일곱 개 문항에서 세 개 이상 해당하면 결정 장애 초기 단계, 여섯 개 이상이면 중증 결정 장애라고 합니다. 과학적 근거가 대단히 의심스러운 진단법입니다.

장 폴 사르트르Jean-Paul Sartre는 《존재와 무L'Être et le néant》라는 책에서, "우리는 자유롭도록 선고받았다."라는 유명한 말을 남겼습니다. 인간은 선택의 자유가 있을 뿐 아니라, '반드시' 그 자유를 행사해야만 한다는 것입니다. 그래서 종종 실존주의 분석가들은 "인간이 선택할 수 없는 것은, 선택하지 않는 것뿐이다."라고 하곤 합니다. 선택과 결정의 과정은 늘 불안을 동반합니다. 선택하지 않은 것에 대한 아쉬움과 선택한 것에 대한 두려움이 따르게 마련입니다.

그렇다고 해서, 그 선택과 결정의 과정을 다른 이에게 위임해서는 안 됩니다. 자신이 결정 장애인지를 '결정'하기 위해서, 근거가 의심스러운 '결정 장애 진단법'에 의존하는 것이야말로 우스꽝스러운 일입니다. 자신이 결정을 잘하는 사람인지 그렇지 않은 사람인지에 대한 결정조차도 스스로 내리지 못하는 것입니다.

자유는 선택과 책임에서

1960년 이스라엘의 정보기관 모사드는 아르헨티나에 숨어 있던 아돌프 아이히만Adolf Eichmann을 검거합니다. 그는 나치친위대Schutzstaffel(SS)의 중령이었으며, 유대인 문제를 담당한 실무 책임자였습니다. 당시 철학자였던 한나 아렌트Hannah Arendt는 《뉴요커New Yorker》의 특별 취재원 자격으로, 이스라엘에서 진행된 아이히만의 공판을 참관합니다. 한나 아렌트 본인도 나치의 박해를 받다가 미국 외교관의 도움으로 겨우 망명에 성공한 유대인이었습니다.

그러니 아렌트가 아이히만에 대해서 '악의 화신'이라며 맹비난을 해도 전혀 이상하지 않았을 것입니다. 그런데 그녀는 "그는 원래 악한 사람이 아니라 평범한 사람이었을 뿐이다."라고 주장합니다. 극단적 생각이 빠진 광신도이거나 혹은 사람을 죽이며 쾌감을 느끼는 성격이상자가 아니라는 것입니다. 한나 아렌트는 자신의 책 《예루살렘의 아이히만Eichmann in Jerusalem》에서 "자신의 행위에 대한 자유로운 판단이 없는, 수동적이고 무비판적인 순응과 복종이 악을 유발하는 원인"이라고 이야기했습니다. 의미심장하게도 책의 부제는 '악의 평범성Banality of Evil에 관한 보고서'입니다.

사실 아이히만의 행적이나 사상에 대해서는 논란이 많습니다. 사실 아렌트의 말처럼 그렇게 '평범한' 사람만은 아니라는 것이 죠. 알 수 없는 일입니다. 하지만 그가 남긴 말로 짐작해보면, 그의 평소 생각을 엿볼 수 있습니다. 그는 재판 과정 중에 이렇게 말했습니다.

> "법적인 책임은 없습니다. 도의적인 책임이라면 있겠습니다만. 제가 내린 결정이 아니었기 때문에, 제 마음은 늘 가벼웠습니다. 물고기를 잡듯, 유대인을 잡아 목적지로 보내는 일은 단지 제 업무였을 뿐입니다."

1961년 예일대학교의 심리학자 스탠리 밀그램Stanley Milgram은 아주 유명한 실험을 합니다. 그는 실험 참가자를 교사와 학생으로 나누고, 학생이 문제를 틀리면 교사가 전기충격을 주어 징벌할 수 있도록 하였습니다. 전기충격은 15볼트씩 올려서 최대 450볼트까지 가할 수 있었습니다. 망설이는 사람에게는 옆에 있던 흰 가운을 입은 실험자가 "모든 책임은 내가 진다."며 징벌을 강요하기도 했습니다. 무려 65퍼센트의 참가자가 450볼트의 전기충격을 주었는데, 그들이 이러한 비윤리적 결정의 보상으로 받은 참가비는 고작 4달러였습니다(물론 전기충격은 가짜였습니다.).

선택과 결정은 늘 불안을 유발합니다. 너무 많은 선택의 갈림길에 선 우리는 종종 법, 권위, 규정, 관행 혹은 주변의 태도에 좌우되어 자신의 결정을 유보하고 시키는 대로 하곤 합니다. 법이나 규정이 정하는 대로, 혹은 책임자가 명령한 일이니 "나는 책임이 없다."는 식으로 편리하게 넘어가려고 하죠. 하지만 절대 책임을 피할 수 없습니다.

한나 아렌트는 아이히만의 죄가 바로 자신의 행동에 대해 '생각을 하지 않은 것thoughtlessness'이라고 하였습니다. 법이나 규정, 매뉴얼을 따르면 된다는 상식 혹은 윗사람의 지시나 주변의 의견에 따르면 된다는 상식이 있습니다. 그러나 상식은 상식일 뿐 그러한 상식에 따른 결정이 옳다는 근거는 되지 않습니다. 자신이 무슨 일을 하고 있는지 생각하지 못하는 것, 즉 사유 불능성이야말로 '악'의 근원입니다. 이것이 평범한 사람들이 큰 죄를 저지르는 이유, 즉 '악의 평범성the Banality of Evil'입니다.

많은 사람이 시키는 대로 했는데, 왜 자신에게 책임을 묻느냐고 억울해합니다. 그러나 삶의 순간순간, 자신의 생각으로 선택과 결정을 내리지 않는 것이야말로 잘못된 일입니다. 대신 선택을 해달라고 다른 사람에게 요청한 것과 다름없습니다. 하지만 다른 사람이 시키는 대로 한 행동도 결국 자신의 책임입니다. 스

스로 생각하고, 스스로 판단하여, 스스로 결정하고, 그 결과에
대한 책임도 스스로 질 때만 우리는 자유로워질 수 있습니다.

안팎으로 혼란스러운 시대입니다. 그런데 책임지려는 사람
은 없고, 다들 잘 몰랐기 때문에 그저 시키는 대로 했을 뿐이라
고 합니다. 좋은 뜻을 가지고 명령대로 했을 뿐이니, 결과에 대
한 책임을 묻지 말라는 것이죠. 정신과 의사 빅토르 프랑클Victor
Frankl은 이렇게 말했습니다.

"동쪽 해안에 자유의 여신상이 있는 것처럼, 서쪽 해안에는 책임
의 여신상이 있어야 한다고 생각한다."

게으른 천재라는 착각

두 가지 종류의 사람이 있습니다. 항상 부지런하지만 결과가 신통치 않은 사람과 항상 게으르지만 훌륭한 결과를 내는 사람입니다. 둘 중 하나를 고르라면, 여러분은 어떤 쪽을 선택하고 싶은가요? 물론 둘째 부류일 것입니다. 아무리 노력해도 결과가 신통치 않은 쪽이라면, 정말 슬픈 일입니다. 우리는 게으른 천재를 동경합니다. 그런데 정말 그런 사람이 있을까요?

노력을 풍자하는 문화가 있습니다. 모든 부정적 결과에 대해 노력 부족을 탓하는 풍토를 비꼬는 말이죠. '만물 노력설'이라고도 합니다. 사회나 제도의 개선보다 개인의 노력만을 강조하는 세태를 재치있게 반박하는 것이죠. 고속 성장의 시대가 끝나면서 사회적 성공은 점점 얻기 어려운 귀중품이 되었습니다. 이런 팍팍한 현실에 처한 젊은 세대의 좌절감이 느껴집니다.

게으름은 진화의 산물

노력 무용론의 논리는 대략 이렇습니다. 어차피 승자의 수는 정해져 있으니 때문에, 모두 노력하면 결국 원점에 머무를 뿐입니다. 내가 1000만 원을 벌었다고 해도, 다른 사람도 모두 1000만 원을 벌었다면 상황은 같습니다. 좀 유치하지만 간단한 수학적 논리입니다. 게다가 금수저를 물고 태어난 이는 부모님의 도움으로 쉽게 성공합니다. 심지어 경쟁의 과정마저 공정하지 않습니다. 타고난 외모나 좋은 인맥을 통해 지름길로 가로질러 가는 이도 있죠. 그러니 이래저래 가진 것 없는 자신은 노력을 해봐야 들러리가 될 뿐이라는 자조적인 절망에 빠지는 것입니다.

꽤 공감 가는 주장입니다. 하지만 그렇다고 해서 게으른 삶을 두고 신자유주의적 무한 경쟁과 사회적 불공정을 거부하는 정치적 의사 표현이자 더 나은 세상을 향한 실천적 행동이라고 옹호하기는 어렵습니다. 분명 세상은 완벽하지 않습니다. 노력해도 성공하기 어려운 세상인 것은 분명하지만, 그렇다고 나태한 삶이 정당화될 수 있는 것은 아닙니다.

게으름은 모든 인간이 공유하고 있는 보편적 형질입니다. 농땡이를 치고 노는 것은 누구나 좋아합니다. 하버드대학교의 진화학자 대니얼 리버만Daniel Lieberman 교수는, 인간은 에너지 효율성을 높이기 위해서 게으름을 피우게 되었다고 주장합니다. 인류의 선조는 아주 척박한 환경에 살았는데, 에너지를 구하는 것만큼이나 에너지를 절약하는 것도 유용한 형질이었다는 것이죠.

개미는 근면의 대표적인 상징이죠. 하지만 놀랍게도 개미 사회의 20~30퍼센트는 빈둥거리는 게으름뱅이 개미입니다. 홋카이도대학교의 하세가와 에이스케長谷川英祐 교수의 연구에 따르면, 게으른 개미는 전체의 이익을 위해서 힘을 비축해두는 것이라고 합니다. 집단적인 차원에서 일개미는 모두 자매나 마찬가지죠. 그러니 일부 개체들은 에너지를 비축하며 미래를 준비하는 것입니다. 집단 전체의 이익을 위해서 열심히 '빈둥거리는' 것입니다. 적절한 휴식을 취하는 것은 필요할 때 사용할 에너지를 모으는 과정입니다. 베짱이가 이 사실을 알면 꽤 억울할 겁니다.

실제로 수렵-채집 사회를 이루고 사는 원시 부족민은 그렇게 '부지런'하지 않습니다. 물론 인류의 선조가 일주일에 여덟 시간만 일했다는 식의 주장은 옳지 않습니다만, 분명 그들의 일상을 보면 그다지 근면해 보이지는 않습니다. 문명인의 시각에서 보면 상당한 시간을 빈둥거리며 지내는 것처럼 보입니다. 특히 신체적인 운동량은 예상외로 적습니다. 불필요하게 무리하지 않습니다. 포식자를 피하거나 사냥 혹은 채집을 나설 때면 전력을 기울이지만, 특별히 할 일이 없을 때는 그저 낮잠을 자면서 시간을 보내기도 하죠.

빈둥대는 게으른 수렵-채집인. 그러나 내막을 알면 생각이 달라집니다. 그들은 사실 아주 바쁩니다. 주변과 중요한 정보를 나누고, 사회적 친분을 쌓으며, 미래에 대한 계획을 세우는 중입니다. 노닥거리는 시간은 사실 집중적인 활동을 위한 준비 과정이죠. 게다가 수렵-채집 사회는 높은 수준의 평등 사회입니다. 높은 지위를 얻으려고 '과도하게' 노력할 필요가 없습니다. 먹고 살 자원을 획득하는 데 주력하기만 하면 되기 때문에 척박한 환경에서도 여유로운 삶을 살 수 있는지 모릅니다.

병적 게으름, 건강한 게으름

게으름에 적응적 가치가 있다고 해서, 나태한 삶을 정당화할 수는 없습니다. 전 인구의 30퍼센트가 일생에 한 번은 앓고 지나가는 우울장애의 대표적 증상은 바로 무기력입니다. 흔히 우울증이라고 하면, 슬프고 울적한 기분을 떠올리죠. 하지만 핵심 증상은 바로 기력 감소입니다. 신체적 혹은 정신적 에너지가 감소한 나머지 심신이 푹 가라앉는 것이죠.

사실 이러한 병적 게으름은 도저히 적응적인 형질이라고 하기 어렵습니다. 식욕도 떨어지고, 체중도 감소합니다. 사람도 만나기 싫고 잠도 잘 이루지 못합니다. 증상이 심해지면 일상적인 활동도 못 하고, 일부는 자살을 생각하기도 하죠. 멜랑콜리아라고 하는 정서적 슬픔과는 다릅니다.

하지만 '건강한' 게으름은 다릅니다. 몸은 한가해 보이지만 머리는 팽팽 돌아갑니다. 폭발적인 창조적 순간을 위한 연습 과정입니다. 당연히 식욕이 떨어지거나 체중이 감소하는 경우는 없습니다. 사람을 잘 안 만나는 경우는 있지만, 혼자만의 시간을 위해서 일부러 피하는 것입니다. 게으른 천재라는 대중적 환상이 생겨난 이유죠.

매일매일 놀기만 하다가 하룻밤 사이에 멋진 교향곡이나 문학작품을 써 내려간 위인의 이야기는 자주 들을 수 있습니다. 그러나 이들이 정말 빈둥거리다가 느닷없이 천재성을 발휘한 것일까요? 그렇지 않습니다. 창조적 능력을 보인 사람의 상당수는 혼자만의 시간을 깊은 내적 성찰과 고민, 지적 훈련에 투자합니다. 그들은 누구보다도 부지런합니다. 게을러 보이는 천재는 있겠지만, 정말 게으른 천재는 없습니다. 그들은 누구보다도 부지런하게 자신의 길을 걸어간 사람입니다.

자신이 나태한 삶을 사는 것이 아닌가 걱정하는 사람이 많습니다. SNS를 보면 다들 분주하게 미래를 향하여 달려나가는 것 같은데, 자신은 별로 하는 일도 없이 시간만 보내는 것 같아 한심하다는 자책이죠.

그러나 건강한 게으름과 병적인 게으름은 분명 다릅니다. 만

약 세상 혹은 자신에 대한 혐오에 빠져 골방에서 컴퓨터 게임이나 하며 시간을 허비하고 있다면, 건강한 삶이라 하기 어렵습니다. 자칫하면 은둔형 외톨이가 되어 자신만의 감옥에 영영 갇혀버리게 되죠.

하지만 자신만의 걸작을 위해서 큰 계획을 세우고, 그것을 향해 차근차근 나아가고 있다면 걱정할 필요가 없습니다. 당장은 별로 이루고 있는 것이 없어 보여도 괜찮습니다. 큰 집을 지으려면 오랫동안 땅을 다져야 합니다. 남들이 보기에는 허송세월을 하는 것처럼 보일지라도, 자신만의 계획에 따라 흔들리지 말고 걸어나가기 바랍니다. 괜히 조급한 마음이 들어서 아무것이나 닥치는 대로 하다 보면 뭔가 하고 있다는 성취감은 들 것입니다. 하지만 이런 삶은 그냥 게으른 것만도 못합니다. 언뜻 바쁘게 사는 것 같지만, 사실은 몹시 나태한 삶입니다.

세상에는 부지런한 척하는 게으른 사람이 참 많습니다. 이들은 새벽에 일어나 졸린 눈을 비비고 도서관이나 일터로 향합니다. 온종일 누구보다 열심히 공부하고 또 일합니다. 밤샘 공부나 야근도 자청합니다. 그렇게 하루의 일정을 빈틈없이 꽉 채우지만, 정작 자신이 가고 있는 길이 원하던 길인지, 옳은 길인지는 고민하지 않습니다. 너무 바빠서 고민할 시간도 없습니다. 분주한 게으름뱅이입니다.

빠삐용은 억울한 누명을 쓰고 감옥에 갇힙니다. 무려 아홉 번에 걸쳐 탈출을 시도하지만, 결국 그의 삶 대부분은 감옥에서 썩습니다. 그는 어느 날 꿈에서 신의 음성을 듣습니다. 왜 자신에게 이런 시련을 주었는지 묻는 그에게 신은 대답합니다. "너는 인간이 저지를 수 있는 가장 흉악한 범죄를 저질렀다. 그것은 바로 인생을 낭비한 죄." 어떤 의미에서는 빠삐용의 삶은, 분주한 일상이라는 감옥에 갇혀 있는 우리의 게으른 삶을 상징하는지도 모르겠습니다.

부조리한 삶에 대처하는 방법

인간은 의를 바라고 불의를 싫어하는 진화적 본성을 가지고 있습니다. 막스플랑크 연구소 마이클 토마셀로Michael Tomasello에 의하면, 이러한 본성은 약 10만 년 전에 진화했다고 합니다. 그래서인지 부조리한 현실을 접하면 많은 사람이 한마음 한뜻으로 모이기도 합니다. 하지만 애써봐야 별로 바뀌는 것도 없고, 젊은 시절의 의분도 점점 시들해집니다. 세상은 도저히 해결점이 보이지 않는 것 같습니다. 옳고 그름의 문제는 이미 저 멀리 날아가 버린 것 같습니다. 사실 이번 생은 어쩔 수 없이 망한 것이 아닌가 싶은 무력감이 고개를 듭니다.

삶은 부조리

코린토스라는 그리스의 한 도시가 있습니다. 이 도시를 세운 왕이 시시포스Sisyphus입니다. 트로이 전쟁의 주인공인 오디세우스의 아버지입니다. 그는 아주 영리한 사람이었는데, 심지어 죽음의 신을 꽁꽁 묶어서 자신의 생명을 연장하기도 했습니다. 하지만 신을 농락한 죄로 벌을 받게 됩니다. 언덕 위로 바위를 굴려 올리는 벌이죠. 하지만 꼭대기에 다다르면, 바위는 다시 굴러 떨어집니다. 시시포스는 영원히 바위를 올려야 합니다.

부조리absurdity라는 말은 어떤 것이 실제로 있을 수 없고, 모순적이라는 의미입니다. 알베르 카뮈Albert Camus는 이러한 부조리가 바로 인간 삶의 기본적 조건이라고 이야기한 바 있습니다. 날마다 반복되는 어처구니없는 일들과 무의미한 거짓말, 그리고 부당하고 억압적인 관계……. 그러나 이러한 모순적 상황은 높은 권력층에서만 일어나는 예외적인 현상이 아닙니다.

이러한 이율배반적이고 절망적인 상황은 끊임없이 그리고 모두에게 일어납니다. 정도의 차이는 있을지언정 그 누구도 이러한 부조리에서 벗어나지 못합니다. 5년 전 혹은 10년 전 신문을 들춰보십시오. 지금 일어나고 있는 일들이 전혀 새로운 것이 아니라는 것을 알 수 있습니다. 역사가 문자로 기록된 이후, 쉬지 않고 반복되는 일입니다. 뉴스에 나올 정도로 '주목받는 권력자'의 일은 아니지만, 소시민의 하루하루도 어리석은 꾀임과 작당,

옳지 못한 일과 부당한 관계의 연속입니다.

비정상적인 상황에 비정상적인 반응을 보이는 것은 정상적인 일입니다. 어떤 경우에도 침착하게 이성을 잃지 않아야 한다고 하지만, 그런 것이 가능하기나 한 일일까요? '정상적인' 인간은 병적인 상황, 특히 삶의 의미를 잃어버리는 부조리한 상황에서 몇 가지 '비정상적인' 반응을 보이게 됩니다.

많은 사람이 '혐오감'을 경험합니다. 자신과 이웃, 심지어는 세상 모두를 혐오하기도 합니다. 이러한 혐오감은 무분별한 증오와 분노를 유발하기도 하고, 폭력적인 행동을 일으키기도 합니다. 쉽게 말해서 '눈에 거슬리는 것'이 많아지고, 그런 일에 '걸핏하면 욕을' 하고, '쉽게 주먹을 휘두르게' 되는 것입니다.

어떤 사람은 '무감각'해지기도 합니다. 마치 아무 일도 일어나고 있지 않다는 듯이, 종종 이전보다 '더 열심히' 하루를 살아갑니다. 빈에 살던 정신과 의사 빅토르 프랑클은 유대인이라는 이유로 1942년 게토에 강제로 이주되고, 1944년에는 악명높은 아우슈비츠 수용소에 갇힙니다. 여동생을 제외한 어머니와 형, 아내는 모두 수용소에서 죽었죠. 그는 아우슈비츠에서 겪은 일을 토대로, 어떤 상황에서도 인간은 삶의 의미를 찾을 수 있다는 내용의 《죽음의 수용소에서trotzdem Ja zum Leben sagen: Ein Psychologe erlebt das Konzentrationslager》라는 책을 썼습니다. 그 책에서 그는 아우슈비츠에 수용된 사람들의 '무감각'에 대해서 다음과 같이 말한 바 있습니다.

"그러다가 한 사람이 방금 숨을 거두었다. 하지만 나는 아무 감정 없이 그 광경을 바라보았다. 그중 한 사람이 죽은 사람이 먹다 남긴 지저분하기 짝이 없는 감자를 낚아채 갔다. 그다음 사람은 시신이 신고 있는 나무 신발이 자기 것보다 좋다고 생각했는지 신발을 바꾸어 갔다. 그런가 하면 또 다른 사람은 진짜 구두끈을 가지게 되었다고 좋아했다."

삶에 대한 태도 결정하기

집행유예 망상Delusion of Reprieve이라는 것이 있습니다. 사형 선고를 받은 죄수가 처형 직전에 집행유예를 받을지 모른다는 망상을 가지는 것입니다. 《두 도시 이야기A Tale of Two Cities》의 주인공 찰스 다네Charles Darnay는 프랑스대혁명의 혼란 속에서 억울하게 사형 선고를 받습니다. 그리고 사형이 집행되기 직전 깜박 잠이 듭니다.

"장밋빛으로 펼쳐진 새로운 세상이 그에게 어서 오라며 손짓을 했다. 소호의 옛집으로 돌아간 그는 자유롭고 행복했다. 그는 아내, 루시 마네뜨와 함께 형용할 수 없는 해방감과 홀가분한 기분을 만끽하였다. 루시가 그간의 일은 모두 꿈이며, 그는 한 번도 런던을 떠난 적이 없다고 말해주었다. …… 그는 잠에서 깨어났지만 순간 자신이 어디에 있는 것인지, 그동안 무슨 일이 일어났는지 기억이 나지 않았다. 불현듯 한 가지 생각이 뇌리를 스쳤다. 아. 내가 죽는 날이 밝았구나."

삶의 부조리에 무감각해진 우리는 어떤 의미에서 이러한 집행유예 망상에 빠져 있는지도 모릅니다. 마치 영화를 관람하듯이, 세상에서 일어나는 일을 자신과 분리합니다. 그리고 자신은 그러한 상황에 빠지지 않을 것이라고 기대합니다. 혹은 잘못된 종교적 믿음, 현학적인 논리 등을 통해서 자신만은 자유롭거나 혹은 자유로워질 것이라고 믿습니다. 아마 명백한 범죄로 수사를 받으면서도 끝까지 발뺌하는 사람들도 이러한 집행유예 망상에 빠져 있는지 모르겠습니다.

우리 맘대로 세상을 바꿀 수는 없습니다. 마크 트웨인Mark Twain의 말처럼, '세상이 우리보다 먼저 있었기' 때문입니다. 누구처럼 '특정 개인이 이권을 챙기고 여러 위법 행위를 저지르는' 식으로 세상을 제멋대로 바꾸어서도 안 되지만, 반대로 선하고 옳은 방향이라고 해서 세상이 반드시 그렇게 움직이는 것도 아닙니다. 왜 얼른 '내 뜻대로' 세상이 바뀌지 않느냐고 항의해봐야 소용없습니다. 안타깝지만 우리가 결정할 수 있는 것은 세상에 대한 우리의 적극적인 태도뿐입니다.

아우슈비츠에 수감 중이던 작곡가 F가 꿈을 꾸었습니다. 1945년 3월 30일에 수용소에서 해방되고 고통이 끝날 것이라는 계시였습니다. 하지만 실제로 가능성은 거의 없었습니다. 그냥 그렇게 믿은 것입니다. 그런데 F는 3월 29일부터 갑자기 열이 나더니, 이틀 만에 발진티푸스로 죽고 말았습니다. 약속된 그날이 점점 다가올수록 기대한 해방이 오지 않는다는 사실에 절망한 나머지 죽어버리고 만 것입니다.

끝을 알 수 없는 일시적인 삶

사람에게 절대 허락되지 않는 것이 하나 있습니다. 바로 '자신에게 무엇이 필요한지'를 아는 것입니다. 우리는 우리 운명의 지침이 어디를 향하고 있는지 알지 못합니다. 내일 무슨 일이 일어날지도 알 수 없습니다. 언제 어떻게 죽을지도 모릅니다. 각자의 운명에는 지하정부에서 꾸민 음모도, 거대한 역사의 정해진 방향도 없습니다. 빅토르 프랑클은 이를 '끝을 알 수 없는 일시적인 삶'이라고 하였습니다.

어떤 면에서 현대인의 삶은, 아우슈비츠 수용소에서의 삶과 닮았습니다. 언제 해고될지, 언제 이혼당할지, 언제 시한부 인생을 선고받을지 알지 못한 채, 위부터 아래까지 온통 부조리한 이

곳에서 살아가야만 합니다. 어떤 이는 세상에 종일 욕설을 퍼부으며 마구 분노합니다. 어떤 이는 혀끝에서 맛있는 것, 눈을 즐겁게 해주는 일만 생각하며 세상으로부터 도망칩니다. 허황된 축복과 믿을 수 없는 내세를 약속하는 사이비 종교에 빠지기도 합니다. 얕은 지식과 현학적 수사를 남발하는 냉담하고 냉소적인 사람이 되기도 합니다.

우리의 절망은 바로 이러한 부조리하고 일시적인 삶 속에서 '의미'를 찾을 수 없다는 데에서 시작합니다. 프랑클은 '우리가 삶으로부터 무엇을 기대하는지가 아니라, 삶이 우리로부터 무엇을 기대하는지에 대한 것'이 가장 중요하다고 하였습니다. 누구도 우리를 시련에서 구해줄 수 없고, 대신 고통을 짊어지지도 못합니다.

우리가 할 수 있는 것은, 세상에 대한 우리의 행동과 태도, 즉 우리 자신을 바꾸는 것뿐입니다. 영원히 굴러떨어지는 바위를 다시 밀어 올리는 시시포스만이 이방인의 삶을 '자신의 것'으로 만들 수 있습니다.

사회는 항상 다양한 분노로 끓어오릅니다. 모든 이가 겪고 있는 일이지만, 개개인이 받아들이는 의미는 모두 다릅니다. 부조리한 인간의 삶과 그 조건을 바꿀 수 없는 것처럼, 앞으로 일이 어떻게 진행될지도 알 수 없습니다. 그러나 이러한 거대한 삶의 상황에 우리에게 질문합니다.

우리는 화를 내며 폭력적인 행동으로 답할 수도 있습니다. 모래 속에 머리를 파묻고 아무 일도 없다는 듯이 외면할 수도 있습니다. 기적적인 상황 타개라는 비현실적인 기대를 할 수도, 공황이나 전쟁과 같은 파국적인 예상을 할 수도 있겠죠. 어떻게 대답할 것인지는 우리의 몫입니다.

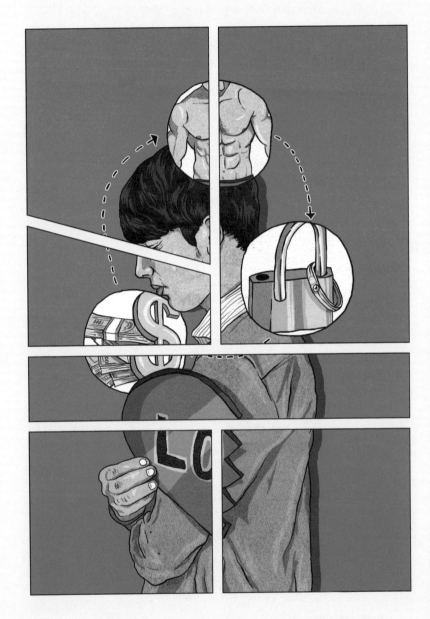

2장

사랑과 결혼 그리고 짝짓기

나는 너를 사랑할까 미워할까

종종 깊은 사랑이 깊은 미움으로 변하는 경우를 봅니다. 서로 좋아서 만나면 행복해야 하는데, 잡아먹을 듯 서로 미워하며 이를 부득부득 갑니다. 결국 아름답게 헤어지지 못합니다. 헤어지고 나서도 서로 비난하고, 심지어 쫓아다니면서 해코지도 합니다. 이쯤 되면 인연이 아니라 원수입니다.

행복한 사랑도, 쿨한 헤어짐도 어려운 사람들. 그들의 속사정을 알아보겠습니다.

애착과 증오의 메커니즘

완벽한 사랑을 꿈꾸는 이들이 있습니다. 사랑은 언제나 완벽해야 한다고 믿습니다. 누구도 방해할 수 없고, 영원히 끝나서도 안 됩니다. 하지만 이러한 완벽성은 '자신의 사랑'이 아니라, '상대의 사랑'에만 해당합니다. 상대가 자신을 사랑하는지, 관심이 다른 곳을 향하는 것은 아닌지 늘 의심하고 걱정합니다.

이런 사랑은 쉽게 상대를 질리게 합니다. 처음에는 간섭과 관심을 구분하기 어렵습니다. 외로운 사람에게는 특히 그렇습니다. 자신을 향한 이런 태도가 정말 고맙게 여겨지죠. 그러나 시간이 지나면서 '이게 아닌데…' 하는 생각이 들게 됩니다. 관심은 상대를 지향하는 배려지만, 간섭은 자기중심적인 조종입니다. 상대는 금방 지치게 됩니다.

100퍼센트의 사랑을 기대하는 이들에게, 사랑이 깨지기라도 하면 큰일 납니다. 완전무결한 사랑을 깨뜨린 상대는 이제 증오의 대상으로 변합니다. '내가 원하는 완벽한 사랑을 주지 않은 죄'죠. 자해나 자살을 시도하는 경우도 있고, 상대를 무너뜨리기 위한 행동을 하기도 합니다. 스토킹이나 폭력을 행사하고, 터무니없는 고소나 고발을 하기도 합니다.

사실 알고 보면 우리는 모두 한 번 이상 실연을 당한 적이 있습니다. 바로 어머니로부터입니다.

갓난아기는 어머니와 자신을 구분하지 못합니다. 실제로 어머니의 몸에 찰싹 붙어 있을 뿐 아니라, 필요한 모든 것을 어머니가 다 알아서 해줍니다. 모유를 먹는 아기는 어떤 의미에서 어머니의 몸을 먹는 것이나 다름없죠. 그렇게 영아기의 아이들은 어머니와 일치된 삶을 살아가도록 진화했습니다.

하지만 영원한 것은 없습니다. 시간이 지나면서 아기는 어머니와 헤어져야 합니다. 서로 다른 생각을 하는 다른 존재라는 것을 깨달으면서 하늘이 무너지는 듯한 고통을 느낍니다. '세상에, 엄마가 내가 아니었다니…….'

완벽한 사랑은 모자간에도 이루어질 수 없습니다. 어머니와 분리되는 과정은 아주 힘겹습니다. 울며 떼를 씁니다. 의기소침해지기도 합니다. 하지만 시간이 지나면서 점점 독립해나가죠. 이별의 시간은 고통스럽지만, 어떻게든 해내고 맙니다. 어머니의 사랑도 유효기간이 있는 것입니다. 무조건적이지도 않습니다. 그렇게 모든 인간은 이별의 쓴맛을 보면서, 독립된 개체로 성장해나갑니다.

1965년 심리학자 메리 아인워스Mary Ainsworth는 다음과 같은 아주 흥미로운 실험을 합니다.

일단 어머니는 자신의 아이와 한 방에서 즐거운 놀이를 합니다. 장난감도 많죠. 그러다가 낯선 사람이 방에 들어옵니다. 어머니는 조금 있다가 슬쩍 방을 빠져나갑니다. 몇 분 후에 다시 들어옵니다. 그리고 이제는 아이를 홀로 두고 다시 방을 빠져나가고, 아까 만난 낯선 사람이 방에 들어옵니다. 그리고 그 낯선 사람이 아이와 놀자고 합니다. 다시 몇 분 후에 어머니가 들어와서 아기를 안아 줍니다.

아인워스는 아이의 반응을 보고, 애착 패턴을 몇 가지로 나누었습니다. '안정 애착'을 보이는 아이는 어머니랑 있을 때 아주 즐겁게 잘 놉니다. 낯선 사람과도 금방 친해집니다. 어머니가 눈에 보이지 않으면 흥분하지만, 어머니가 다시 오면 금세 행복해집니다. 종종 B형 애착으로 불립니다.

'불안-회피 불안정 애착'을 보이는 아이도 있습니다. 어머니가 있건 말건 감정이 별로 변하지 않습니다. 잘 놀지도 않죠. 낯선 사람에 대해서도 마찬가지죠. 마치 방 안에 혼자 있는 것 같습니다. 처음에 아인워스는 왜 이런 일이 일어나는지 잘 설명할 수 없었습니다. 나중에 후속 연구를 통해, 사실 내적인 불안을 숨기기 위해서 애써 태연자약하려 한다는 것을 밝혀냈습니다. A형 애착이죠.

'불안-저항 불안정 애착'도 있는데, C형 애착입니다. C형 애착을 보이는 경우는 처음부터 어머니에게 착 매달립니다. 낯선 사람이 들어오거나 어머니가 안 보이면 난리도 아닙니다. 심지어 어쩔 수 없이 실험을 중단한 일도 있었습니다. 그런데 일부 아이들은 어머니가 되돌아와도 조용해지지 않았습니다. 분개심에 가득 차 어머니에게 마구 화를 내었죠.

D형도 있는데, 어떤 타입에도 속하지 않는 경우입니다. D형은 너무 어려우니까 넘어가죠.

진화적으로 보면 어떤 애착이 더 좋을 것이라고 단언하기 어렵습니다. 흔히 B형 애착이 좋다고 합니다. 편안하게 잘 놀고 새로운 사람과도 쉽게 친해지고 헤어진 사람과도 다시 만나면 금세 행복해하니 나쁠 것이 없어 보입니다. 하지만 꼭 그런 것은 아닙니다. 미소를 띠며 접근하는 낯선 사람에게 나쁜 일을 당할 수도 있고, 심지어 같은 연인에게 두 번 배신당할 수도 있죠.

A형 애착의 경우는 겉으로는 냉담하지만, 속으로는 스트레스를 많이 받는 편이죠. 혼자 전전긍긍 짝사랑하다가 결국 말 한마디 못 꺼내고 포기하는 경우일까요? 물론 상대에게 큰 피해를 주지는 않습니다.

문제는 C형 애착입니다. 늘 지나친 간섭으로 상대를 지치게 합니다. 하지만 쉽게 헤어지지도 못합니다. 불성실의 증거가 조금만 보여도 심한 분노를 보입니다. 이런 패턴은 무조건 나쁜 것은 아닙니다. 특히 진화적으로는 유리한 면도 있습니다. 압도적인 위협으로 상대가 떠나지 못하게 만드는 효과가 있죠. 진화생물학자 말테 안데르손Malte Andersson과 요 이와사巖佐庸가 제시한 일곱 가지 성 선택 전략 중 하나인 강압입니다.

하지만 사실 아무리 안정 애착을 보이는 사람이라도 깊은 사랑의 관계에서는 그렇게 '쿨'하기 어렵습니다. 사랑이 깊으면, 실연의 괴로움도 큰 법이죠. 하지만 관계에는 별문제가 없는데도 불안하고 초조하여 견디기 어렵다면 문제입니다. 상대방의 충실성을 의심하기 시작하면 한도 끝도 없습니다. 그래서 불안정 애착을 보이는 사람은 종종 '보험'을 듭니다. 헤어질 때를 대비하여 다른 사람과도 일정한 관계를 맺어 두죠. 네. 어장 관리입니다.

하지만 이러한 자신의 행동은 그대로 상대방에게 투사됩니다. 나도 어장을 관리하는데, 상대라고 못할 리 없을 테니까요. 그래서 불안과 두려움은 점점 심해집니다. 간섭과 의심은 상대를 지치게 하고, 지친 상대의 태도는 의심과 불안을 더욱 키웁니다. 종국에는 도대체 상대를 사랑하는 것인지, 미워하는 것인지 구분하기 어려운 상황에 이릅니다.

사랑하는 이가 미워진다면

현대 사회의 특징 중 하나는 자유로운 연애입니다. 로맨티시즘의 문화는 안정 애착을 가진 사람에게는 정말 행복한 환경입니다. 원하는 사람을 만나 깊이 사랑하고, 또 슬프지만 헤어져도 곧 새로운 사람을 만나 다시 행복할 수 있으니까요. 하지만 불안정 애착을 가진 사람에게는 지옥 같은 환경인지도 모릅니다. 누구를 만나도 안심할 수 없고 늘 걱정됩니다. 사랑하는 시간보다, 미워하는 시간이 더 많은 고통스러운 연애를 하게 됩니다.

머리로는 아닌 것을 알지만, '사랑하는 이가 자꾸 미워진다'는 느낌이 들면 어떻게 할까요? 종일 생각나는 것을 보면 사랑하는 것이 분명한데, 동시에 심하게 해코지를 하고 싶은 양면적인 마음이 듭니다. 사실 애착 패턴은 거의 타고 나는 본성이라, 마음먹은 대로 바꾸기 어렵습니다. 하지만 어느 정도 조절할 수는 있습니다.

상대에게 솔직하게 당신의 마음을 털어놓으십시오. 미움이 점점 커지다가 급기야 옳지 않은 행동이라도 저질러버리면, 이미 때는 늦습니다. 여기저기 주변 사람에게 걱정을 늘어놓는 것도 좋지 않습니다. 종종 주변 사람은 선의의 맞장구를 쳐주는데, 오히려 의심을 확신으로 만들어버립니다. 직접 그 혹은 그녀에게 당신의 불안을 털어놓고, 솔직하게 고백해야 합니다.

나는 당신이 없으면 무지 화가 나는데, 눈앞에 나타나면 좋으면서도 또 확 짜증이 난다. 분명 헤어지고 싶은 것은 아닌데, 만날 때마다 화도 나기 때문에 잘 해주지 못한다. 그러다 돌아서면 미안하고, 또 불안해진다. 그러다 보면 다시 화가 난다. 이런 나로 인해 당신이 힘들어한다는 것을 알고 있다.

다행히 상대방이 이런 면을 잘 이해해준다면, 고마운 일입니다. 둘이 함께 '양면적인 사랑과 미움'이라는 공동의 문제를 해결해나갈 수 있기 때문이죠. 솔직한 마음의 상태를 '그렇지 않은 척하며 회피'하지도 말고, '나오는 대로 마구 발산'하지도 않아야 합니다. 안정적인 애착을 가진 이는, 종종 불안정 애착을 가진 파트너도 안심시키는 힘을 가지고 있습니다. 상대의 내적 결함마저도 부드럽게 감싸 치유하는 것이 진정한 사랑입니다.

여자의 사랑 고백

1941년 초여름, 독일의 소련 침공으로 시작된 독소 전쟁은 인류 역사상 가장 참혹한 전쟁이었습니다. 구소련에서는 군인과 민간인을 합쳐서 모두 2900만 명이 사망했는데, 이는 다시 말해서 전쟁이 지속된 4년 동안 매일 2만 명씩 죽었다는 의미입니다 (실제로 하루 평균 민간인 1만 4000명, 군인 6500명이 사망했습니다.). 군인이 부족해진 소비에트 정부는 전 지역에서 17~51세에 해당하는 남성에 대한 동원령을 내렸습니다. 아마 당시 구소련의 수많은 미혼 여성은 망연자실했을 것입니다. 연애나 결혼은 고사하고, 사실상 남자를 구경하는 것조차도 어려웠을 테니까요.

뇌 안에서 춤추는 사랑의 감정

개전 1년 후 모스크바의 혼인 건수는 1만 2500건으로 감소합니다(1941년의 4만 4000건에 비하면 대폭 급감한 수치입니다.). 그러나 이는 곧 회복되었습니다. 1943년과 1944년에는 각각 1만 7500건, 3만 3000건으로 증가합니다. 종전 첫해에는 잃어버린 세월을 보상이라도 하듯이 무려 8만 5000쌍이 결혼했습니다. 전쟁으로 젊은 남녀의 성비가 거의 1:2에 이르게 된 것을 고려하면 놀라운 수치입니다. 모조리 죽어 나가는 전장 속에서도, 사랑할 사람은 사랑하고 결혼할 사람은 결혼합니다.

사실 당신의 선조는 짝짓기에 대단한 능력이 있었습니다. 부모님, 조부모님 그리고 증조부님으로 거슬러 올라가는 당신의 직계 조상 중 솔로로 생을 마감한 분은 단 한 분도 없습니다. '우리 할머니는 평생 처녀로 지내셨지'라는 말은 새빨간 거짓말입니다. 침팬지의 조상이 오스트랄로피테쿠스와 갈라진 이후 현재까지 약 20만 세대가 있었을 것으로 추정됩니다. 다시 말해서 당신이 세상에 나오기까지, 20만 쌍의 직계 조상이 성공적으로 배우자를 찾고, 출산과 양육을 훌륭하게 해냈다는 것입니다. 그러니 당신도 못할 것이 없습니다.

좋은 짝을 찾기 위한 인류의 투쟁도 눈물겹습니다. 특히 여성의 경우, 좋은 배우자를 찾기 위한 조건은 (믿을 수 없을 정도로!) 까다롭습니다. 배우자 선택을 연구하는 진화심리학자들도, 이렇게나 많은 조건이 어떻게 가능한지 고개를 갸우뚱할 정도입니다. 더군다나 소위 '여성이 무엇을 원하는가What Women Want' 연구의 결과들은, 서로 명백하게 모순적인 것들도 많습니다. 간단한 예를 들어보겠습니다. 여러 연구에서, 여성은 자신보다 연상의 남자를 선호하는 것으로 밝혀졌습니다. 나이가 많은 남성은 상대적으로 안정감과 성실성을 보장하고, 더 나은 사회적 지위와 관련될 수 있기 때문입니다. 그러나 동시에 여성은 젊고 건강한 육체를 가진 남성을 원한다고 합니다. 젊음은 장기적인 보호와 양육의 가능성을 높여주고, 건강은 유전자의 우수성과 관련되기 때문이죠. 그러니 여성들의 고민이 깊어질 수밖에 없습니다.

배우자를 선택할 때, 여성들이 느끼는 오묘한 심리의 단적인 예가 바로 충실성과 성적 매력의 모순적 관계입니다. 연인에게 충실하고 성적 정절을 지키는 남성을 꺼리는 여성은 하나도 없을 것입니다. 그러나 동시에 많은 여성이 '바람둥이'에게 정신을 빼앗기고 맙니다. 뭇 여성을 울리고 다닌 남성을 자신의 배우자로 삼고 싶어 하면서, 동시에 그가 자신을 떠날까 전전긍긍합니다. 이에 대해서는 다양한 심리학적 혹은 사회학적 설명을 할 수 있습니다. 그러나 한 가지 유력한 진화인류학적 가설에 따르면, '바람둥이' 유전자가 자기 아들에게 더 나은 '가능성'을 줄 수 있기 때문이라고 합니다. 남편이 바람둥이인 것은 분명 좋은 일이 아니지만, 아들이 바람둥이라면 조금 다르게 생각할 수 있다는 것입니다(물론 '진화'적인 입장에서 그렇다는 것이니, 오해하지 마시기 바랍니다.).

뇌신경학적인 측면에서, 이러한 이율배반적인 여성의 감정은 어떤 면에서는 지극히 당연한 일입니다. 사랑과 관련된 네 가지 신경호르몬은 에피네프린Epinephrine과 도파민Dopamine, 세로토닌Serotonin, 옥시토신Oxytocin 등입니다. 그 남자를 만났을 때 느껴지는 두근거림과 가빠지는 호흡(에피네프린), 점점 달아오르는 양 볼과 억제할 수 없는 야한 생각(도파민), 종일 눈앞에 그 남자만 아롱삼삼 떠오르는 사랑의 강박(세로토닌), 옆에 있으면 느껴지는 편안하고 따뜻한 기분(옥시토신) 등 다양한 감정이 영화 〈인사이드 아웃Inside Out〉의 주인공처럼 서로 경쟁하며 우리의 뇌 안에서 춤을 춥니다.

좋은 배우자 조건의 진화

현재까지 진화심리학적 혹은 인류학적 연구를 통해서 입증된 좋은 배우자의 조건(여성의 경우)은 경제적 능력, 사회적 지위, 나이, 피부색, 외모, 키, 신체 비율, 목소리의 톤, 충실성, 성적 매력, 근면성, 야망, 신뢰성, 안전성, 편안함, 지속성, 대인관계, 가족의 크기, 지적 능력, 예술적 자질 등 대단히 많습니다. 세부적인 항목으로 들어가면, 헤아리기도 어렵습니다. 게다가 수많은 책이나 잡지에서 소개하는 '좋은 남자의 X가지 조건'과 같은 과학적 근거가 미약한 조언들을 포함하면, 정말 끝도 없는 목록을 만들 수 있습니다. 여성들에게 인기를 끈 한 지침서에는 '사랑한다는 말을 못 하는 남자는 피하는 것이 좋다'와 '사랑한다는 말을 자주 하는 남자는 피하는 것이 좋다'는 조언이 동시에 (책의 다른 부분에) 실려 있기도 합니다. '엄마의 말을 너무 듣는 남자'는 피하라고 하면서도 '남자를 고를 때는 반드시 엄마의 조언을 들으라'는 식으로, 남자 친구의 엄마와 자신의 엄마에 대해서 불공정한 대우를 하도록 주문하기도 합니다.

물론 배우자를 까다롭게 고르는 것은 아주 중요한 일입니다. 하지만 척박한 환경에서 어떻게든 자손을 남기기 위해서 분투하셨던 어머니 혹은 할머니가 물려준 수많은 진화심리학적 선호에 모두 굴복할 필요는 없습니다. 현대 사회는 인류 역사상 유례가 없을 정도로 여성의 사회적 권한과 경제적 능력이 향상되었습니다(물론 아직도 부족하다고 생각합니다.). 근육질 남성이 매력적으로 보이는 것은 사실이지만, 강력한 신체 능력을 가진 남성의 보호가 현대 사회에서는 그리 중요하지 않습니다.

횡문화적 연구에 따르면, 러시아 여성은 배우자를 선택할 때 다른 문화권의 여성과 다소 다른 경향을 보인다고 합니다. 특히 러시아 여성은 남성의 경제적 능력이나 사회적 지위를 그리 중요하게 여기지 않는다고 합니다. 이러한 현상이, 제2차 세계대전 이후 구소련 지역에 젊은 남성이 많이 부족해서 일어난 현상인지 혹은 공산주의 이념에 의한 영향인지는 확실하지 않습니다. 그러나 한 가지 분명한 것은, 우리가 생각하는 좋은 배우자의 조건이라는 것이 그렇게 절대적인 것은 아닐 수도 있다는 것입니다.

모든 여성은 소녀 시절부터 가졌던 운명적 사랑, 천생연분에 대한 동화적 환상이 있습니다. 그러나 현실 세계에서는 왕자를 만나려면, 일단 수많은 개구리와 키스를 해봐야 합니다. 모처럼 당신에게 '대시'해오는 개구리가 있다면, 조금은 적극적인 자세로 받아들이는 것이 좋겠습니다. 그냥 개구리인지, 혹은 당신의 왕자가 될 운명의 개구리인지 처음부터 알 수는 없는 일입니다.

남자의 사랑 고백

세상 여자들이 모두 자신을 좋아할 것이라고 확신하는 남자가 있습니다. 개강 파티에서 술을 한 잔 따라 준 '여성' 친구도, 수업 시간에 '굳이' 옆자리에 앉아 있던 그녀도, 페이스북 친구 신청을 해준 이름 모를 여성도, 심지어는 상냥하게 응대해준 햄버거집 점원도 사실은 모두 자신에게 관심이 있는 것이라며 떠벌리고 다닙니다. 하지만 안타깝게도, 그 남자는 아주 오랫동안 제대로 된 연애를 해본 적이 없습니다. 고등학교를 졸업한 후, 10년 동안 주변에는 '추파'를 던지는 여성이 늘 가득했습니다(라고 주장했습니다.). 하지만 막상 사귀자고 말을 꺼내면, 기겁하고 떠나는 여성들. 여자란 동물은 참 알 수 없다고 생각합니다.

성적 과지각 편향과 답정남

미안한 이야기지만, 주변에 있던 여성들은 (아마) 아무도 그에게 관심이 없었을 겁니다. 모두 남자의 착각일 뿐입니다. 이를 진화심리학에서는 성적 과지각 편향sexual overperception bias이라고 합니다. 사실 남자라는 동물은 그렇게 진화했습니다. 여성의 아주 사소한 호의도 대단한 것으로 부풀려서 생각합니다. '용기 있는 자만이 미인을 얻는다'라는 과학적 근거가 상당히 의심스러운 말이 있습니다. 물론 미녀를 볼 때마다 덮어놓고 들이대면 거의 100퍼센트의 확률로 뺨을 맞겠지만, 그 정도는 기꺼이 감수하겠다는 남성들이 많습니다. '천 번 정도 들이대면, 적어도 한 번은 성공'이라는 식의 계산입니다.

배우자를 선택할 때 여성은 남성보다 훨씬 보수적입니다. 앞에서 이야기한 것처럼, 여성은 아주 많은 것들을 고려해야 합니다. 이는 단지 여성의 심리적 특성 때문만은 아닙니다. 인류학적인 의미에서 좋은 신랑감을 찾는 것은 여자 쪽 집안 전체의 중대한 과업입니다. 이를 헌신 회의 편향commitment skepticism bias이라고 합니다. 즉 좋은 집안의 신랑감이 되려는 남자는 (과도하게) 험난한 평가를 통과해야만 합니다. 동서양의 전래 동화에서 흔히 볼 수 있듯이, 양갓집 규수를 얻으려면 사나운 용도 무찔러야 하고, 장인어른의 괴상한 질문에도 훌륭하게 답해야 합니다. 심지어는 미녀의 유혹도 이겨내야 합니다. 불확실한 가능성의 그녀를 얻기 위해 자신에게 달려드는 수많은 미녀의 확실한 유혹을 이겨내야 한다는 상당히 모순된 이야기가 있는 것은 바로 여성의 헌신 회의 편향 때문입니다.

아무튼 주변에서 좀 잘해주는 여성이 있다고 해서 절대 착각하지 않았으면 좋겠습니다. 좋아하는 남성이 있을 때, 여성들은 단지 친절한 미소나 배려로만 그 마음을 표현하지 않습니다. 대개 더 직접적인 방법으로 연정을 표현합니다. 빈 술잔을 채워주는 식으로, 숨겨온 호감을 진지하게 꺼내 놓는 여성은 없습니다. 햄버거집 여성 점원이 당신을 보고 밝은 미소로 응대한 것은 서비스 정신이 투철해서 그런 것이지, 당신을 사모해서 그런 것이 아닙니다. 여성은 보통 우회적으로 마음을 표현하지 않느냐고요? 여성이 '아니오'라고 하면, 사실은 '예'라는 의미라고요? 그렇지 않습니다. 여성도 좋아하는 남자가 있으면, "당신을 좋아합니다."라고 직접 '발화'합니다. 여성이 '아니'라고 하면, 그냥 '아닌' 겁니다.

상냥하게 대해주었다는 이유로 상상의 나래를 펼치다가 발칙한 상상으로까지 이어지기도 하는데, 이래선 곤란합니다. 사실 많은 남성이 거의 똑같은 생각을 합니다. 배우자를 선택하는 남성만의 몇 가지 기준이 있지만, 무엇보다도 절대적인 기준은 바로 '외모'입니다. 보통 남성들은 예쁜 옷도 안 입고, 예쁜 구두도 안 신고, 예쁜 장신구도 하지 않습니다. 많은 남성은 '예쁨'에 큰 관심이 없습니다. 그러나 자신의 짝을 고를 때는 예외입니다. 누구나 '예쁜' 여성을 좋아합니다. 참 이상한 현상입니다. 왜 남성은 여성의 외모를 그렇게 중요하게 생각할까요?

초기 진화심리학에서는 외모가 신체적 자질에 대한 보증서 역할을 한다는 주장이 많았습니다. 깨끗한 피부는 기생충 감염이 없다는 신호이고, 항아리형 몸매는 출산 능력에 대한 긍정적 신호라는 등의 주장입니다. 게다가 예쁜 외모는 사회경제적 자질도 반영한다는 주장이 있습니다. 하얗고 연약한 피부는 햇볕 아래에서의 노동이 필요 없을 정도의 부유함을 암시한다든가, 심지어는 작은 얼룩이나 벌레에도 어쩔 줄 몰라 당황하는 '여성스러운' 특성은 사실 '귀하게 자랐다는' 의미로 해석된다는 식이죠. 이런 식의 적응주의적 주장들은 상당히 그럴듯하지만, 증명하기도 어렵고 아마 상당수는 사실이 아닐 가능성도 있습니다.

그런데 재미있는 진화인류학적 가설이 있습니다. 남성들이 예쁜 여성을 찾는 이유는, 바로 예쁜 딸을 가지기 위해서라는 것입니다. 예쁜 엄마가 아무래도 예쁜 딸을 낳을 가능성이 높을 테니 말입니다. 그러면 왜 예쁜 딸을 가지려는 것일까요? 예뻐야 남자들이 좋아한다는 것을, 그래서 더 좋은 사위를 구할 수 있다는 것을 남자들은 잘 알기 때문입니다. 그러면 '미래의' 잠재적인 사윗감은 왜 예쁜 내 딸을 원하는 것일까요? 그것은 또다시 예쁜 손녀를 낳으려는 …… 이런 식으로 끝없이 계속됩니다. 그래서 이를 줄달음 전략runaway strategy이라고 합니다. 이런 과정을 통해서, 남성들은 예쁜 여성을 갈망하게 되었습니다.

매너가 사람을 만든다

아마 예쁜 여성을 원하는 남성의 마음에 대한 진실은, 두 가지 가설 사이의 어딘가에 있을 겁니다. 소위 명품은, 대개 제품의 질도 우수합니다. 그러나 제품의 질은 두 배 정도 우수한데, 가격은 열 배 정도 되는 경우가 적지 않습니다. 따라서 현명한 소비자는 두 가지 기준의 중간에서 적당하게 타협하는 법을 알고 있습니다. 영국의 어떤 유명한 명품 구두는 '너무' 명품이라 비가 올 때는 신을 수 없다고 합니다. 무거운 철판이 들어가서 오래 걸을 수도 없다고 합니다. 어느 선을 넘어버리는 순간 가치에 대한 상징이 본질을 압도하는 일이 벌어지고는 합니다.

즉 진화심리학적인 관점에서 볼 때, 여성의 외모는 원래 건강한 배우자, 건강한 엄마로서의 본질적 가치를 보여주는 기능도 하지만, 실제로는 성적 경쟁에 의한 무의미한 과시물일 가능성도 있습니다. 남성이 멋진 외모의 여성을 보면서 느끼는 감정은, 물론 자연스러운 일입니다. 하지만 그것은 당신을 향한 것도 아니고, 그렇다고 실제 자질을 온전하게 반영하는 것도 아닙니다. 은밀한 성적 신호 같은 것은 더욱 아닙니다. 즉 남성이 여성의 몸매를 보고 도발되도록 진화한 것이지, 여성이 신체를 이용해서 남성을 도발한 것이 (이론적으로는) 아니라는 뜻입니다. 그뿐입니다.

정리해볼까요? 주변에 나에게 상냥하게 대해주는 여성이 있다면, 그냥 친절로 받아들이고 젠틀하게 대응하면 됩니다. 친절과 호의를 성적인 신호로 오인한다면 그나마 친절하게 해주던 사람들도 떠날 것입니다. 그러나 당신도 순수한 친절과 호의로 답해준다면, 머지않은 미래에 보다 '직접적인' 방법으로 마음을 전해오는 여성이 있을 것입니다. 여성의 몸을 보며 남성이 경험하는 성적인 느낌은 그 자체로는 솔직한 것입니다. 하지만 (대개의) 여성은 특정한 의도를 가지고 그러는 것이 아닙니다. '짧은 치마에 빨간 립스틱을 발랐으니 남자로서 대응을 해주지 않으면 여자도 서운할 것'이라는 식의 반응은, 원인과 결과를 심각하게 혼동하는 것입니다. 설사 여성이 그런 직접적인 의도가 있다고 해도, 그 목표는 아마 당신이 아닐 겁니다(당신이라고 직접 말해주기 전까지는 말이죠).

현대 사회를 살아가는 남성들이 갖추어야 할 중요한 매너는, 바로 'No means No', 'Yes means Yes'라고 할 수 있습니다. 여성이 '아니'라고 하면 '아닌 것'으로 받아들이고, '예'라고 하면 '예'라고 받아들이는 태도가 필요합니다. 매너가 사람을 만듭니다.

남자 없이 살고 싶다

A씨는 여중, 여고를 거쳐 여대를 다니고 있습니다. 여중, 여고를 다녔는데, 대학까지 여대를 가느냐고 하는 친구들이 있었지만, A씨는 무조건 여대를 고집했습니다. 남성과 같이 있으면 여러 가지로 불편하고 두려운 생각이 들기 때문입니다. 그렇다고 성적 지향, 즉 성적 관심의 대상이 남다른 것도 아닙니다. 친구들이 남자 친구와 놀러 다니는 것을 보면 부럽기도 하지만, 막상 남성을 대하면 겁이 덜컥 납니다. 이제 곧 졸업하면 도대체 사회생활을 어떻게 해야 할지 걱정이 되기도 합니다.

남성은 왜 존재하는가

'성이 왜 존재하는가'라는 질문은 '남성은 왜 존재하는가?'라는 질문으로 바꿀 수 있습니다. 사실 많은 생물은 무성생식을 합니다. 상당수의 암컷은 소위 클론화 과정을 통해 혼자 힘으로 복제자를 만들 수 있습니다. 생물학 용어로 처녀생식parthenogenesis이라고 합니다. 물론 포유류나 조류 같은 고등 동물에서는 관찰되지 않지만, 어류나 양서류에서는 흔히 관찰되는 현상입니다.

수컷이 적절한 도움을 줄 수 없는 환경에서는 이른바 처녀생식이 아주 유리한 특성입니다. 사실 암컷과 수컷, 즉 여성과 남성이 만나서 자손을 가지는 유성 생식은 여러 가지 단점이 있습니다. 일단 서로 배우자를 탐색하고 유혹하고 또 다른 경쟁자로부터 방어하는 데 에너지가 너무 많이 듭니다. 적절한 남성을 찾기란 아주 어려운 일인데다가, 찾아내도 내 남자가 된다는 보장이 없습니다. 괜찮은 남성을 얻어도 다른 여성에게 빼앗기지는 않을지 늘 노심초사해야 합니다. 게다가 짝짓기는 아주 밀접하고 은밀한 신체적 접촉을 수반하기 때문에, 적절한 방어도 어렵고 타인의 도움을 받기도 어렵습니다. 동물의 세계에서는 짝짓기 중에 다른 동물의 먹잇감이 되는 경우도 많습니다. 게다가 성관계를 통해서 전파되는 질병도 상당합니다.

인간 사회에서는 더 어려움이 많습니다. 데이트 폭력이 사회이슈로 떠오른 것은 비교적 최근의 일이지만, 사실 오랜 역사 동안 여성은 남성을 탐색하는 과정에서 늘 폭력과 강간의 위험을 감수해야만 했습니다. 그래서 여성의 권리가 열악한 사회에서는, 딸을 보호하기 위해 혼인 연령까지 집안에서만 지내게 하는 경우가 적지 않습니다. 이를 퍼다purdah라고 합니다. 젊은 여성은 반드시 중년 여성을 동반해야 외출할 수 있는 관습, 즉 샤프롱chaperone이라는 제도도 있었는데, 이러한 관습은 여성을 보호하는 것이지만, 동시에 여성의 자유를 심각하게 제한하기도 했습니다. 남성이 없었다면 이런 거추장스러운 제도도 없었을 것이고, 여성도 더 자유로웠을 것입니다. 도대체 남성이 무슨 소용일까요?

《이상한 나라의 앨리스Alice in Wonderland》에서 붉은여왕은 다음과 같은 말을 합니다.

> "여기서는 같은 곳에 있으려면 쉬지 않고 힘껏 달려야 해. 어딘가 다른 데로 가고 싶으면 적어도 그보다 두 곱은 빨리 달려야 하고."

생물학자 리 반 발렌Leigh Van Valen은 "어떤 유기체가 멸종할 가능성은 그 유기체가 얼마나 오랫동안 존재했는지와는 무관하다."는 사실, 즉 이른바 '붉은 여왕' 가설을 제안합니다. 존재를 위한 투쟁은 시간이 지난다고 해서 결코 쉬워지지 않는다는 것이죠. 이는 냉혹한 생물학적 현실이며, 인간의 사회적 현실에도 물론 적용됩니다.

진화학자 로버트 트리버스는 이른바 '유전자 군비 경쟁'이라는 개념을 통해서 수컷과 암컷이 결합을 통해 공격이나 방어의 전략적 이득이 일어날 수 있는 유전자 조합을 소망한다는 가설을 제안했습니다. 즉 최대한 자신과 다른 유전적 조합을 가진 배우자를 만나서 기생충 저항성과 더 나은 적응적 가치를 가진 자손을 낳으려고 한다는 것입니다.

유전자 수리 가설이라는 것도 있습니다. 생물학자 에어-월커Eyre-Walker와 케이틀리Keightley의 계산에 따르면, 인간의 경우 25년마다 1.6개의 치명적 돌연변이가 발생합니다. 마치 어떤 문서의 사본을 계속 복사해가는 과정과 비슷합니다. 한두 번 복사를 한다고 해도, 복사본은 원본과 거의 비슷합니다. 그러나 복사를 거듭하면 점점 문서의 질이 떨어지게 되죠. 특히 열성 대립유전자는 잘 발현되지 않기 때문에 점점 누적되는 이른바 '뮬러 효과Müller effect'라는 것이 있습니다. 즉 무성생식을 하면 비가역적인 유전적 결함이 차곡차곡 쌓이게 됩니다.

생명의 세계에 '남성'이 존재하는 이유는 분명합니다. 남성이 없는 것보다 있는 것이 여성에게 유리하기 때문입니다. 생물학적인 면에서 보면, 무성생식을 하는 생물은 기본적으로 '암컷', 즉 여성입니다. 성경에는 외로운 남성을 위해 갈빗대를 꺼내어 여성을 만들었다고 하지만, 실제로는 (좀 비약해서 말하면) 여성의 이득을 위해서 남성을 만들었다고 하는 것이 더 정확합니다.

하지만 이러한 생물학적 이유를 설명해도, 아마 A씨는 크게 공감하기 어려울 것입니다. 인간 사회에서 여성이 겪는 불평등이나 어려움이 너무나도 분명한데, 고상하게 면역복합체 다양성 확보와 같은 이유로 남성이 필요하다고 하는 것은 설득력이 부족합니다. 게다가 만약 남성이 여성에게 그렇게 도움이 된다면, 왜 마음속에 남성을 꺼리는 마음이 있는지 설명하기 어렵죠.

여성의 종속적 위치

사실 여성의 사회적 지위는 아주 오래전부터 불평등했습니다. 오스트레일리아 원주민의 결혼 관습에 따르면, 사춘기에 이른 남성은 자신의 장모를 선택받는다고 합니다. 장모의 아버지와의 협상을 통해서 말이죠. 장모는 보통 사위와 비슷한 나이이거나 더 어리기도 합니다. 그리고 그 여성, 즉 장모가 나중에 딸을 낳으면, 집으로 들여서 키우다가 초경을 맞으면 아내로 받아들입니다. 그러니 아내와의 나이 차이가 대략 스무 살 정도 나는 것은 당연한 일입니다. 장모가 낳는 딸은 차례대로 모두 약속된 사위의 둘째, 셋째 아내가 됩니다. 즉 여성은 태어나기도 전에 자신의 남편이 결정되는 것입니다.

긴 역사 동안 여성은 남성의 소유물로 취급되었습니다. 여성이 참정권을 가진 지는 불과 100여 년에 불과합니다. 법적인 권리도 아주 취약했죠. 19세기 영국 관습법에 따르면, 여성은 스스로 자신을 대표할 수 없었습니다. 아버지, 남편, 그리고 아들로 이어지며 종속적인 권리를 가졌을 뿐이었습니다. 아이를 낳아도 아이에 대한 '소유권'은 아버지에게 있었습니다. 심지어 남편은 아내를 다른 남성에게 돈을 받고 팔 수도 있었습니다.

현대 사회에서 여성의 권리는 비약적으로 신장하였지만, 아직도 많은 부분에서 불평등합니다. 법적인 권리는 평등해졌다고 하지만 다양한 종교적, 문화적, 사회적 불평등은 여전합니다. 이러한 세상에 진절머리가 난 여성들은 '남성 없이 살겠다'며 독신 선언을 합니다. 독신까지는 아니어도, '과연 남성이 내 삶에 무슨 의미가 있는가?'라는 질문은 오랜 역사 동안 여성이 끊임없이 품고 있던 궁금증입니다. 이런 상황에서 여성들이 남성에 대해서 양면적인 감정을 느끼는 것은 어찌 보면 당연한 일인지도 모릅니다.

사회학자 앨런 존슨Allen G. Johnson은 남성에 대해 가지는 일부 여성의 두려움이 '개인으로서의 남성'과 '사회적 이데올로기로서의 남성'을 잘 구분하지 못하기 때문에 일어난다고 주장합니다. 입증하기는 어렵지만 상당한 일리가 있는 주장입니다. 흔히 남성에 대한 혐오는 여성주의자에게 더 심할 것으로 생각하지만, 2009년 휴스턴대학교에서 수행한 〈여성주의자는 남성 혐오자인가?)라는 도발적인 제목의 연구를 보면 그렇지 않았습니다. 오히려 자신을 여성주의자라고 생각하는 여성들은 남성에 대한 두려움과 적개심을 가지는 경향이 더 적었습니다.

생물학적인 의미에서 암수의 만남, 즉 부부 관계는 아주 독특한 현상입니다. 혼자 살면 편한데, 왜 굳이 번거롭게 남녀로 나뉘고, 다시 서로 만나고, 사랑하고, 바람을 피우고, 싸우고, 헤어지고 그러면서 아웅다웅 살까요? 조물주가 보기에 좋았기 때문에 일어난, 당연한 신의 섭리라고 하면 되는 것일까요? 너무 자연스러운 일이지만, 사실 과학자들은 아직도 그 원인을 연구하며 서로 논쟁하고 있습니다(논쟁하느라 바빠서, 정작 본인의 짝은 찾지 못하는 과학자가 적지 않습니다.).

남성공포증을 다루는 방법

'엔진과 기어박스Engine and Gear-Box' 가설이라는 오래된 이론이 있습니다. 엔진만 멀쩡한 고물차와 기어박스만 멀쩡한 고물차를 합치면, 제대로 굴러가는 차를 만들 수 있죠. 우리도 그래서 서로 암수로 나뉘어, 다시 만난다는 것입니다. 천재 극작가 버나드 쇼Bernard Shaw는 이사도라 덩컨Isadora Duncan이라는 무용수에게 이런 청혼의 편지를 받은 적이 있었다고 합니다. "당신의 머리와 나의 외모를 가진 아이가 태어난다면 얼마나 좋을까요?" 하지만 버나드 쇼는 "반대로 나의 외모와 당신의 두뇌를 가진 아이가 태어나면 어쩌겠소?"라며 거절했다고 하네요.

이른바 남성공포증androphobia이라는 것이 있습니다. 남성을 보면 불편하고 불안하며, 심지어 공포심을 느끼기도 하는 상태입니다. 보통 젊은 여성에게 많이 나타나는데, 특히 남성과 단둘이 있는 상황은 절대 피하려고 합니다. 정신과 의사는 과거 강간이나 성폭력의 경험이 있으면, 이러한 증상이 나타날 것으로 생각합니다. 그러나 직접적인 트라우마가 없는 경우에도, 여성에게 호의적이지 않은 환경에서 성장하는 소녀들은 어린 시절부터 '낯선 남성을 조심하라'라는 메시지를 반복적으로 받게 됩니다. 억압적인 사회가 여성에게 남성에 대한 불안과 두려움을 강화시키는 것인지도 모릅니다. 아마 과거 조상들이 살던 환경에서는 낯선 남성을 꺼리지 않는 여성보다는, 조심스러워하는 여성이 더 안전했을 것이 분명합니다. 하지만 현대 사회에서는 이런 이득보다 손해가 더 클 수도 있습니다.

정신과 의사들은 남성공포증도 다른 종류의 공포증과 비슷한 방법으로 다룰 수 있다고 주장합니다. 남성이 나오는 사진을 보고, 남성과 같이 어울리는 상상을 하는 것입니다. 남성과 대화하는 연습도 해보는 것이죠. 이러한 행동적 접근 이외에 인지적 접근도 도움이 됩니다. '나는 남자를 만나는 것이 싫다. 왜냐하면 그가 나에게 해를 끼칠 수도 있으니까'라는 식의 자동적 생각을

'나의 두려움은 근거 없는 것이다. 나는 남자와도 친해질 수 있다'라는 생각으로 바꿔보는 것입니다.

오랜 세월 동안 여성은 남성에 비해 사회적으로 낮은 위치와 종속적 대우를 감내해야만 했습니다. 그러나 분명 남성은 여성의 '생물학적' 필요에 따라 존재합니다. 두려움의 대상을 꺼리고 피하고 두려워하면, 다른 공포증과 마찬가지로, 두려움은 점점 더 커집니다. 조금씩 남성에 대한 두려움을 버리고 편안해질 수 있으면, 남성을 점점 더 잘 이해할 수 있습니다. 남자를 보다 잘 이해할 수 있다면 본격적인 관계를 맺을 때도 주도적인 위치를 차지할 수 있을 것입니다.

여자의 몸을 둘러싼 논쟁

서구 산업 사회 여성의 몸과 중동 이슬람 사회 여성의 몸은 정반대의 길을 가고 있습니다. 서구 사회 여성의 몸은 점점 노출이 심해집니다. 길에는 거의 나체에 가까운 여성의 몸이 광고에 활용됩니다. 실제 여성들의 옷차림도 마찬가지입니다. 반대로 이슬람 사회 여성의 몸은 점점 더 가려지고 있습니다. 과거에는 히잡으로 머리칼을 가리는 정도였지만, 18세기부터는 일부 국가에서 얼굴을 포함하여 전신을 가리는 부르카를 입기도 합니다.

여성의 몸을 가리는 것이 옳을까요? 아니면 드러내는 것이 옳을까요?

옷이 마음을 지배할까

물론 '여성이 원하는 대로 입는 것이 옳다.'고 하면 문제는 간단합니다. 자유롭게 입으면 그만이죠. 하지만 문제는 그렇게 간단하지 않습니다. 우리의 복장은 복잡한 사회문화적 결과물입니다. 그 누구도 완전히 자유로울 수 없습니다.

1983년 문교부는 교복 자율화와 두발 자유화 정책을 시행합니다. 획일화를 피하고 각자의 개성을 살린다는 취지였죠. 하지만 학생들의 방종이 심해지고, 빈부격차에 따른 복장 차이가 두드러진다는 이유로, 1990년대 초반에 교복은 부활합니다. 심지어 일부 학교에서는 두발 제한을 다시 시행하기도 했죠(제가 다닌 고등학교 이야기입니다. 아주 짧게 머리를 깎아야 했는데, 심지어는 스님이 학교에 간다며 놀림을 당하기도 했죠.).

그런데 교복의 유무로 비행 청소년이 늘거나 개인의 창의성이 말살되는 일이 일어날까요? 그럴 리가 없습니다. 복장을 통해 사람을 평가하는 것은, 신분에 따라서 복장을 달리하던 봉건시대의 유물일 뿐입니다. 교복으로 한복을 입히는 학교도 있고, 아주 화려한 교복을 내세우는 학교도 있고, 교복이 없는 학교도 있습니다. 그러나 교복의 유무나 교복 디자인의 차이가 학업 능력이나 성격 발달에 영향을 미친다는 연구는 보지 못했습니다.

페르소나Persona라는 분석심리학 용어가 있습니다. 원래는 고대 그리스 가면극에서 사용하던 가면을 말합니다. 인격 혹은 성격을 말하는 퍼스널리티Personality의 어원입니다. 페르소나는 표정이나 태도, 자세, 행동거지 등을 모두 포함하는 개념이지만, 옷차림도 중요한 페르소나 중 하나입니다.

사회 활동을 하는 데는 이른바 T.P.O.가 중요합니다. 시간 Time, 장소Place, 상황Occasion을 고려한 옷차림이 필요하다는 것이죠. 우리가 어느 장소에서 어떤 옷을 입는 것은 사회문화적 결과물입니다. 옷차림을 통해서 그 사람의 심리나 마음을 파악한다고 하는 것은 불가능합니다. 면접장에서 대기하는 수십 명의 정장 차림 지원자를 보고, 과연 옷차림으로 그들의 본질을 파악할 수 있을까요? 단지 면접장에 적합한 옷을 입고 올 정도로, 사회에 순응하고 틀에 맞출 수 있는지를 보는 정도에 불과합니다.

여성의 옷차림도 마찬가지입니다. 여성들은 자신의 개성에 따라서 원하는 옷차림을 선택한다고 합니다. 그러나 몇몇 행위예술가를 제외한다면, 대부분의 여성은 명시적 혹은 암묵적인 코드에 따라서 자신의 옷차림을 결정합니다.

옷차림은 사회문화의 결과물

가부장적 사회에서 여성은 몸과 얼굴을 가리곤 합니다. 조선시대에는 장옷이나 쓰개치마로 얼굴을 가리던 풍습이 있었는데, 이는 히잡과 비슷한 기능을 했습니다. 남성의 욕정을 반감시키는 것이죠. 실제로 사춘기 이전의 여성이나 폐경 후 여성은 히잡이나 부르카 착용을 면제받는 경우가 있습니다. 주로 가임기 여성에게만 이러한 규제가 적용됩니다.

서구 사회에서도 결혼식에는 흔히 면사포를 씁니다. 얼굴을 가리는 전통이, 결혼 의례에 남아 있는 것이죠. 그 외에도 젊은 여성이 밖에 나갈 때 중년 여성이 동행하는 샤프롱 풍습이나, 아예 젊은 여성은 집 밖으로 나가지 못하게 하는 퍼다 등도 이러한 억압적 사회문화의 결과물입니다.

이러한 제도는 언뜻 보면 여성을 위험에서 보호하려는 것 같지만, 실제로는 여성을 남성의 소유물로 간주하는 문화의 산물입니다. 여성을 쳐다보거나 근접하지 못하게 하며, 심지어 아예 밖에 나가지도 못하게 하는 것이죠. 현대 사회에서도 일부다처제가 유지되는 일부 국가에서 이러한 풍습이 아직 남아 있습니다.

서구 산업 사회의 여성은 어떨까요? 입고 싶은 대로 입을 자유가 있으니 바람직할까요? 서구 사회의 옷차림은 흔히 성적 특징이 두드러지도록 디자인됩니다. 노출이 심하거나 몸에 찰싹 달라붙는 옷이 대표적이죠. 이러한 복장은 이른바 초정상자극Supranormal Stimuli을 유발하여 더욱 강력한 성적 신호를 보냅니다.

앞서 말한 대로 옷차림은 사회문화의 결과물입니다. 마치 개인적 선택에 따른 것 같지만, 사실은 서로 비슷비슷한 유행을 따릅니다. 여성은 물론 남성도 어느 정도는 자신도 모르게 옷차림을 통해 신체적 매력을 외부에 과시하게 됩니다. 편하지도 않고 실용적이지도 않은 옷들이 값비싸게 팔리는 이유죠. 더위와 추위를 막고, 몸을 보호한다는 본질적 기능만 추구한다면, 소위 '츄리닝'만 입고 다닐 것입니다.

그렇다면 결론은 무엇일까요? 사실 이 문제에 대해서는 합의된 결론을 찾기 어렵습니다. 몸을 가리는 옷이 옳은지 혹은 몸을 드러내는 것이 옳은지에 대한 논쟁은, 마치 교복 자율화 논쟁처럼 무의미합니다. 교복을 입은 비행 청소년도 있고, 힙합 복장의 모범생도 있습니다. 복장의 문화적 한계는 없습니다. 심지어 오스트레일리아 원주민인 애버리지니Aborigine 중 일부는 남녀 모두 완전 '나체'로 다니기도 합니다.

프랑스에서는 공공장소에서 부르카 착용을 금지했습니다. 반대로 이란에서는 몸을 드러낸 여성이 처벌을 받습니다. 과연 어떤 것이 옳은 일일까요? 모두가 합의하는 답을 찾기는 어렵습니다. 하지만 분명한 사실이 있습니다. 복장에 대한 내적 검열(어떤 옷을 입고 싶다든가 아니면 어떤 옷을 입으면 절대 안 될 것 같다든가 등)의 충동은 자신의 독특한 개성 혹은 윤리적 엄격함에 따른 것이 아니라는 것이죠. 결국 사회와 문화가 결정하는 것이라는 점을 이해하면, 사실 무엇을 입어도 별 차이가 없다는 것을 알게 됩니다. 이 점을 깨달으면 스티브 잡스Steve Jobs처럼 청바지에 검정 터틀넥 티셔츠 하나로 평생 충분할지도 모릅니다.

여자는 어떤 남자를 좋아할까

　이번이면 딱 열 번째 딱지입니다. 마음에 두던 여성에게 퇴짜를 맞는 일은 이제 이골이 날 지경이네요. 직업도 변변치 않고, 돈도 없기 때문일까요? 이러다가 여자 손도 못 잡아보고 홀아비로 늙어갈까 싶어 걱정됩니다. 여자들이 좋아하는 남성의 조건, 그것을 알고 싶습니다.

　사람을 조건에 따라서 차별하는 것은 바람직하지 않습니다. 인종 차별, 남녀 차별, 학력 차별, 외모 차별 등등 인간의 역사는 수많은 차별로 가득하지만, 그렇다고 이러한 차별이 옳다고 대놓고 이야기하는 사람은 별로 없습니다. 차별은 일단 '정치적으로 옳지 못한' 일입니다. 그러나 예외가 있습니다. 바로 짝에 대한 차별이죠.

짝 선호의 기준

우리는 좋아하는 이성을 아주 차별적으로 대합니다. 그리고 이러한 차별은 아주 당연한 일입니다. '나는 어떤 이성도 차별하지 않고 똑같이 좋아하겠다'라는 식의 선언은, 실현 불가능할 뿐 아니라 그 자체로 이상한 일입니다. 우리는 특정한 이성을 선택적으로 좋아하고, 또 그렇게 하는 것을 바람직한 것으로 여깁니다. 일부 예외는 있지만, 대개 한 번에 단 한 명의 이성을 좋아해야 합니다. 그러므로 그녀는 다른 남성을 좋아하면서, 왜 나에게는 사랑을 나누어지지 않느냐는 항변은 받아들여질 수 없습니다. 그렇다면 과연 여성은 어떤 기준으로 남성을 차별할까요?

과연 짝 선호의 보편적인 기준이 있을까요? 분명 개인적인 선호가 중요하게 작용하는 것은 사실이지만, 그럼에도 더 매력적인 자질에 대한 보편적인 공감대가 있다는 근거는 아주 많습니다. 진화심리학자들이 오래전부터 연구해온 주제인데, 이런 주제는 대중의 관심을 많이 받기 때문에 흔히 '진화심리학=성적 매력을 연구하는 학문'으로 오해하기도 합니다. 어느 정도는 진화심리학자들이 자초한 일이네요. 남성과 여성의 성적 선호에 대한 진화심리학의 연구는 정말 끝도 없이 많습니다.

흔히들 모든 남자가 예쁜 여자를 좋아할 것이라고 말합니다. 하지만 이는 사실이 아닙니다. 남성의 이성 선호가 외모에 상당히 많이 좌우되는 것은 분명합니다만, 전적으로 그런 것은 아닙니다. 반대로 여성은 이성을 선택할 때, 너무 많은 기준을 가지고 있어서 쉽게 단언할 수 없다고 합니다. 이것도 역시 반은 맞고 반은 틀린 주장입니다. 분명 여성이 남성보다 더 복잡한, 그리고 더 모호한 기준을 적용하는 것 같습니다. 하지만 헤아릴 수 없이 많은 기준이 있다는 통념은 옳지 않습니다. 사실 인간이 이성을 선택하는 기준은 아주 비슷한 데다가, 남녀 간 차이를 보이는 기준은 정말 몇 개에 불과합니다.

1980년대 무렵 데이비드 버스David Buss는 37개의 문화권을 대상으로 짝 선택 선호에 대한 설문조사를 시행했습니다. 과연 모든 문화에서 보편적으로 적용되는 남녀의 매력에 기준이 있는지, 그렇다면 그것이 무엇인지 알아보려고 했습니다. 연구 결과는 다양한 방법으로 해석할 수 있지만, 횡문화적으로 여성이 남성보다 '확실히' 더 중히 여기는 자질은 아래의 세 개입니다.

1. 여성은 남성의 경제적 능력에 더 관심이 많다(97퍼센트의 문화)
2. 여성은 남성의 야심과 성실성에 관심이 많다(78퍼센트의 문화)
3. 여성은 자신보다 나이가 많은 남성을 선호한다(100퍼센트의 문화)

이러한 결과에 대해서 솔로 남성들은 꽤 서운한 마음이 들 것입니다. 왜 여성들은 돈 많고 지위 높은, 그리고 나이 많은 남성만 좋아하냐는 것이죠(너무 나이가 많으면 역작용입니다만.). 그러니 자신처럼 가진 것 없는 젊은 남자들은 맨날 딱지나 맞는다는 것입니다. 심지어는 여성들은 모두 속물적이라며 비난하기도 합니다. 하지만 여성의 이러한 짝 선호 경향은 역설적으로 남성 중심의 사회가 만든 것입니다.

이를 이른바 '구조적 무기력과 성 역할 사회화structural powerlessness and sex role socialization' 가설이라고 합니다. 즉 가부장적인 전근대 사회에서는 부와 권력이 남성에게 집중되었기 때문에, 여성이 부와 권력을 얻는 방법은 결혼밖에 없었다는 것이죠. 사실 과거에는 여성이 사회적 직책을 가지는 것은 거의 불가능했습니다. 재산도 가질 수 없거나 아주 불평등하게 배분되었죠. 여성은 직업이나 재산을 가질 수 없으니, 도리없이 그것을 갖춘 남성을 선호할 수밖에 없었다는 것입니다.

물론 이러한 가설에 맞서는 반론도 있습니다. 현대 사회에서는 부와 지위를 가진 여성들이 많은데, 이들도 역시 (자신보다) 더 많은 부와 권력을 가진 남성을 원한다는 것이죠. 이미 자기 스스로 경제적 능력과 사회적 지위를 갖추었으니, 남성을 선택할 때는 더욱 '너그러워야' 할 텐데 별로 그렇지 않다는 주장입니다. 사실 이성에 대한 선호가 사회적 학습의 결과인지 혹은 타고난 성향인지는 확실하지 않습니다. 아마도 두 가지 요인이 조금씩 다 작용할 것으로 보입니다.

여성이 남성에게 원하는 것

앞서 언급한 데이비드 버스의 연구는 아주 주의해서 해석해야 합니다. 버스는 여성과 남성이 각자 선호하는 자질의 차이를 밝히려고 한 것입니다. '여성은 남성의 경제적 능력에 더 관심이 많다(97퍼센트의 문화)'라는 말은 (여성이 남성보다) 경제적 능력이라는 자질에 (약간이라도) 더 큰 비중을 두는 문화가 97퍼센트라는 뜻입니다. 그러나 종종 마치 여성의 97퍼센트는 돈만 밝히는 속물이고, 오직 3퍼센트의 여성만 그렇지 않다는 식으로 오해하기 쉽죠.

사실 남녀가 서로에게 원하는 자질은 그리 다르지 않습니다. 약간의 선호 순위의 차이는 있지만 대동소이합니다. 예를 들면, 친절함이나 배려, 지능, 성격, 건강, 융통성, 창조성, 교육 수준, 정절, 용기 등이죠. 왜 우리는 이성에게 이러한 자질을 원할까요? 이성에게 바라는 자질은 (하룻밤의 연애가 아니라면) 좋은 부모의 자질과 아주 비슷합니다. 여성이라면, '저 남자가 좋은 아빠가 될 수 있을 것인가?'를 기준으로 삼는 것이죠. 물론 이런 과정은 무의식적으로 일어나기 때문에, 본인도 잘 모르는 경우가 많습니다. 그냥 그런 자질을 갖춘 남성에게 '푹 빠지는' 것이죠.

여성이 선호하는 남성의 기준은 사회 환경이나 문화에 좌우되기도 하고, 타고난 성향에 영향을 받기도 합니다. 앞서 말한 대로 '좋은 아빠'의 자질을 갖춘다면 짝을 찾을 가능성이 더 높아지겠죠. 상당수의 자질은 노력하면 얻을 수 있는 것입니다. 괴팍한 성격, 게으른 습관, 불친절한 태도, 비겁한 마음을 가진 남성이 "내가 돈이 없으니 여자들이 좋아하지 않는다."라고 비관하는 것은 정말 이상한 일입니다.

일찍이 찰스 다윈Charles Darwin은 "아름다움에 대한 보편적 기준은 없다."고 말한 바 있습니다. 우리는 어떤 이성을 사랑하고, 결혼해야 할지에 대한 강력한 개인적 선호를 가지고 있습니다. 즉 여성이 남성을 고르는 가장 중요한 기준은 결국 각각의 여성이 가진 개인적인 선호에 좌우됩니다. 특히 로맨틱한 사랑을 이상으로 여기는 현대 사회에서는, 더더욱 개인의 선택권이 중요하게 작용하죠. 제 눈에 안경입니다. 힘내십시오.

사랑과 전쟁, 결혼의 규칙

세상에는 아주 다양한 문화가 있습니다. 음식, 의복, 주택, 언어, 관습 등 문화적 현상마다 큰 차이가 있습니다. 하지만 문화적 차이가 거의 없는 현상도 있습니다. 바로 결혼입니다. 일단 혼인을 하지 않는 문화는 전혀 없습니다. 과거에 있었는지도 모르지만 바로 사라졌겠죠. 그리고 혼인을 둘러싼 여러 가지 현상들도 아주 보편적입니다. 거의 모든 문화권이 아주 흡사한데, 이를 횡문화적 혼인 규칙이라고 합니다. 영국 체스터대학교 강사 존 카트라이트John Cartwright는 크게 네 가지 규칙을 정리했는데 배우자 간의 상호적 의무와 배타적 성적 접근권, 양육권, 혼인 지속 신념입니다.

부부가 충실해야 하는 진화적 이유

부부는 서로에게 최선을 다해야 하는 의무가 있습니다. 당연한 말이라고요? 그러나 그렇게 당연한 것이 아닙니다. 인간은 기본적으로 친족 관계를 통해서 서로 협력하는데, 친족 사이에는 공유하는 유전자가 많기 때문입니다. 포괄적합도를 올리려는 것이죠. 그런데 부부는 (근친혼이 아니라면) 서로 남입니다. 서로 잘해줄 이유가 없죠. 그래서 어제는 님, 오늘은 남이라고 하는지도 모르겠습니다만.

하지만 부부는 그 누구보다 서로에게 충실해야 할 의무가 있습니다. 굳이 아이 양육이나 성적 욕구에 관한 것이 아니더라도, 정서적 지지와 경제적 협력, 윤리적 신의를 지켜야 하죠. 한마디로 '의리'를 지켜야 합니다. 설령 아이를 낳지 못하거나 성적인 관계가 제한된다고 해도, 부부는 서로 강력하게 협력해야 한다는 보편적인 믿음이 있습니다. 심지어 아내가 큰 죄를 지어도 남편은 아내에게 불리한 진술을 거부할 수 있습니다. 법적인 정의보다 공동 운명체로서의 부부 관계를 더 중시하는 것이죠.

당연한 듯하면서도 한편으로는 이상한 현상입니다. 왜 이런 독특한 관계가 진화했을까요? 물론 '사랑' 때문이라고 하면 간단합니다. 하지만 뭔가 명쾌한 느낌은 아니죠? 좀 더 과학적으로 살펴보겠습니다.

진화의 관점에서 보면, 결혼은 번식을 위한 일종의 계약입니다. 다시 말해서 서로 외도를 하지 않겠다는 약속이죠. 상대가 외도하면 자신의 아이를 키울 수 없으니까요. 따라서 이러한 계약을 어기면 엄청난 도덕적 비난을 받을 뿐 아니라, 형사적 처벌도 받습니다. 정확하게 말하면, 과거에는 받았습니다. 우리나라는 간통죄가 폐지되었지만, 간통에 대해서 아주 엄격하게 처벌하는 나라가 아직 많습니다.

사실 외도는 남녀 모두 합니다. 남성 인구와 여성 인구의 외도 횟수 합계는 정확하게 같습니다(동성 간의 외도를 제외하면 말이죠.). 그런데 외도에 대한 남녀의 반응은 사뭇 다릅니다. 보통은 남성이 더 길길이 성을 냅니다. 생물학적 견지에서 보면 외도로 인한 남성의 손해가 더 심각하기 때문입니다. 두 가지 손해가 동시에 발생하죠. 첫째, 남성은 자신의 자손을 가지지 못합니다. 둘째, 남의 자식에게 자신의 소중한 자원을 할애해야 합니다.

이러한 믿음은 거의 모든 문화권에서 보편적입니다(아주 일부 문화에서 예외가 있습니다만.). 미국에서는 외도를 목격한 남성이 상대를 죽이면 살인이 아니라 과실치사로 취급됩니다. '눈앞에서 아내의 외도 장면을 목격했다면, 과연 누가 참을 수 있겠는가'라는 공감대가 법과 판례에 반영된 것이죠. 여성도 마찬가지이긴 합니다. 결혼은 반드시 상대의 유전자를 통해 자손을 낳겠다는 약속입니다.

혼인 관계 지속 현상

남성과 여성의 신체적 차이는 진화의 과정을 거치면서 점점 줄어들었습니다. 인류의 먼 친척인 고릴라와 비교하면, 인간 남자와 인간 여자의 체구는 사실상 거의 비슷하다고 해도 과언이 아닙니다. 이런 변화는 구석기 시대부터 일어났는데, 동시에 남녀 사이의 성적 분업도 점점 시작되었습니다. 즉 남녀의 외모는 점점 비슷해졌지만 하는 일은 점점 달라졌다는 것이죠. 왜 이런 모순적인 현상이 일어났을까요?

다양한 이유가 있지만 가장 중요한 것은 양육입니다. 인간은 어떤 포유류보다 긴 시간 동안 수유하며 아기를 돌봐야 합니다. 하는 수 없이 여성은 주로 육아를 담당하고, 남성은 보호와 자원 공급을 담당하는 식으로 역할이 나뉩니다. 남성은 아무리 애를 써도 젖을 줄 수 없으니까요.

대부분 문화에서 이러한 의무는 '당연한' 것으로 받아들여집니다. 이혼이라도 하게 되면, 보통 양육권은 어머니가 가져가고 부양 의무는 아버지가 지게 됩니다. 그래서 불공평하다고 주장하는 남성들도 있죠. 하지만 어머니의 양육권은 권리라기보다는 의무입니다. 아이를 직접 돌보라는 것입니다. 아내는 아기를 돌보고 남편은 필요한 자원을 공급해야 한다는 집단적 관습이 법에 반영된 것이죠. 서로 다른 방법이라 해도 부부는 반드시 자녀의 양육에 참여해야만 합니다.

엄마와 아빠의 역할 분담은 오랜 역사를 통해서 인류 문화에 강하게 각인되어 있습니다. 물론 현대 사회에서는 이러한 성적 분업의 전통이 광범위하게 무너지고 있죠. 아무래도 과거보다는 양육도 쉬워지고, 먹을 것도 풍족하기 때문입니다. 그러나 여전히 아기를 잘 돌보지 않는 아내와 돈을 벌어오지 못하는 남편은 그 반대의 경우에 비해서 더 큰 비난을 받습니다.

한번 결혼을 하면 되돌릴 수 없습니다. 이혼하면 되지 않느냐고요? 물론 살다 보면 이러저러한 이유로 혼인 관계가 깨질 수는 있죠. 수렵-채집 사회에도 이혼에 대한 관습이 있고, 실제로 종종 갈라섭니다. 하지만 처음부터 3년만 살고 헤어지자는 식의 혼인 관습을 가진 문화는 거의 없습니다. 혼인 예비 단계를 거치는 경우는 흔히 있지만, 일단 결혼 의례를 하는 순간 부부는 '평생' 혼인을 유지하겠다는 약속을 해야 합니다. 깰 수는 있지만, 취소할 수는 없습니다. 미리 기간을 정할 수도 없습니다. 무기한입니다.

이러한 믿음은 앞서 말한 일부일처제 현상과 더불어 거의 모든 사회에서 보편적으로 관찰됩니다. 역시 길어진 육아 기간의 영향이 큽니다. 자식을 낳아 사람 구실을 하려면 최소 20년은 걸립니다. 게다가 전통 사회에서 혼인은 서로 다른 혈족이나 부족 혹은 가문 간의 엄격한 상호 교환 규칙에 따라 진행됩니다. 서로 눈이 맞아 혼인하는 낭만적 결혼의 풍습은 그리 역사가 길지 않습니다. 혼인을 깨는 것은 부부 둘만의 간단한 문제가 아니죠. 죽는 날까지, 종종 죽어서도, 혼인 관계가 지속한다는 믿음은 상당히 보편적인 문화 현상입니다.

많은 부부가 이러저러한 이유로 갈등하고 또 헤어집니다. 있을 수 있는 일입니다. 그러나 일단 맺어진 이상 조금은 더 신중하게 고민하면 좋겠습니다. 오랜 진화사를 통해 만들어진 다양한 혼인의 규칙들은 분명 그럴 만한 적응상의 이유가 있어서 생겨난 것입니다. 한 번은 더 숙고해도 손해 볼 것은 없습니다.

결혼 전에 불안한 이유

　이제는 진부한 말이 되어버렸지만, 요즘 젊은 세대들은 자신들을 소위 '삼포세대'라는 자조적인 말로 부르곤 합니다. 경제적 어려움으로 연애, 결혼, 출산을 포기한 세대라는 의미인데, 사실 이는 한국의 상황만은 아닙니다. 조금 뉘앙스는 다르지만, 미국에서는 밀레니얼 세대, 일본에서는 사토리 세대さとり世代라는 말로 불황 속에서 결혼을 미루거나 포기하는 젊은이들의 안타까운 사정을 표현하기도 합니다. 일본에서는 서른이 넘어서도 결혼하지 않은 여성을 마케이누負け犬라고 비하해서 말하기도 합니다. '싸움에서 진 개'라는 의미입니다.

전략적 간섭 효과

결혼을 앞두고 불안을 느끼는 것은 아주 자연스러운 현상입니다. 좋은 배우자감을 찾는 일은 비단 우리 인간뿐 아니라 모든 동물(유성생식을 하는)에게 가장 중요한 과제라고 할 수 있습니다. 그러한 불안은 교제 기간이나 사랑의 깊이와는 별로 관련이 없습니다. 결혼을 앞두게 되면, 사실 그동안 사랑했던 경험보다는 미래에 대한 전망이 더 크게 다가옵니다. 인간은 무의식적으로 자신의 미래, 그리고 앞으로 태어날 자손의 미래까지 염두에 두게 됩니다. 부정할 수 없는 사실입니다.

배우자 선택과 관련한 진화 이론은 무수하게 많습니다만, 특히 혼인 내에서 일어나는 성적 다툼은 결혼 전 불안의 큰 원인이 될 수 있습니다. 전통적으로 혼인은 남성의 자원과 여성의 번식 능력이 결합해 서로 이익을 얻는 것인데, 사회가 복잡해지면서 이러한 '계약 관계'는 아주 미묘하게 진행되고는 합니다. 일종의 성적인 전략적 간섭 효과가 발생한다고 할 수 있습니다.

예를 들어볼까요? 진화의학자 웬다 트레바탄Wenda Trevathan에 의하면, 핌브웨Pimbwe족은 이혼율이 높지만 일부일처제를 유지하는 경향을 보입니다고 합니다. 그런데 탄자니아의 핌브웨족 남성이 원하는 아이의 숫자는 약 여섯 명, 여성이 원하는 아이의 숫자는 약 네 명이었습니다. 그에 반해서 이혼율이 낮지만 일부다처제를 보이는 케냐의 킵시기스Kipsigis족은 남녀 모두 약

예닐곱 명 정도의 아이를 원했습니다. 왜 이런 차이가 발생할까요? 일부일처제를 유지하는 펌브웨족의 남성은 아내가 한 명뿐입니다. 따라서 여성은 자신이 키울 수 있는 최적의 자녀 수를 유지하려고 합니다. 그러나 킵시기스족은 자신이 아니더라도 남편의 아이를 낳거나 키워줄 여성이 있으므로 더 많은 자녀를 낳는 것이 가능해집니다.

예전 진화심리학에서는 남성과 여성이 서로 어떤 형질을 가진 이성에게 끌리는지에 대한 이론이나 각자의 생식 전략 등을 많이 다루었습니다. 남성이 항아리 모양의 골반을 가진 여성에게 더 끌린다든가 여성이 부유한 남성에게 더 매력을 느낀다는 등의 이야기는 자주 들립니다. 물론 몇 년씩이나 교제를 지속해온 사이라면 서로 좋아하고 있는 것이 분명합니다. 그것을 진화적 매력에 의한 것이라고 부르든 혹은 운명적 사랑의 결과라고 하든 말입니다. 그런데 결혼을 앞두고 막연한 불안감이 느껴지니까 내 사랑이 부족한 것은 아닐까 혹은 지금까지 사랑했다고 착각한 것은 아닐까 하는 걱정이 드는 것입니다.

낭만적인 사랑, 지혜로운 결혼

앞서 말한 펌브웨족과 킵시기스족의 이야기로 돌아가 봅시다. 남편과 아내가 생각하는 이상적인 자녀의 숫자는, 그들이 서로 얼마나 사랑하는지와는 큰 관련이 없습니다. "당신을 많이 사랑하니까, 아기를 열 명 낳아야지." 혹은 "별로 사랑도 안 하니까 한 명만 낳아야지."라고 하는 사람은 없습니다. 어떤 대상에게 성적인 매력을 느끼는 것과 배우자로서 최적의 자질을 평가하는 것은 조금 다른 문제입니다.

자녀의 숫자만이 아닙니다. 결혼을 앞두면, 첫아기의 출산 시기, 원하는 가족의 크기, 거주 형식, 결혼 생활에 대한 친족의 개입 정도, 경제적 부담 비율, 가사의 분담 수준, 심지어는 이혼의 잠재적 가능성과 상대적인 손익 등을 고려하게 됩니다. 너무 이것저것 따지는 것 같아서 낭만적 결혼과는 약간 거리가 있지만, 이것이 분명한 현실입니다.

처음 연인을 만났을 때를 떠올려볼까요? 처음 만나는 순간, 거의 무의식적으로 상대방의 외모와 목소리, 태도, 성격 등을 판단합니다. 교제를 지속하면서 우리는 상대방의 다양한 자질을 평가합니다. 또한 상대방에게 매력 있는 대상으로 보이기 위해 큰 노력을 기울입니다. 이러한 과정을 긴 시간 반복하면서 상대의 충실성을 확인하고, 변하지 않는 가치도 확신하게 됩니다. 이는 자연스럽게 이루어지는 과정이며, 이를 두고 이해타산을 따지는 사랑이라고 폄훼하지는 않습니다.

예전에는 매파, 즉 중매쟁이가 혼사를 주선하고는 했습니다. 그 중매쟁이의 역할이라는 것이, 서로 직접 말하기 껄끄러운 혼인의 다양한 조건을 조정해주는 일이라고 할 수 있습니다. 지금은 다양한 결혼정보회사가 그런 역할을 대신하고 있죠. 이러한 상업적인 결혼 중개를 좋지 않게 보는 시각도 있지만, 결혼을 앞두고 있다면 취할 것은 취해야 합니다.

결혼 전 불안, 즉 메리지 블루Marriage Blue는 여성에게 더 많이 나타납니다. 결혼을 앞둔 여성의 3분의 1 정도가 이런 증상을 보인다고 합니다. 결혼은 남녀 모두에게 가장 중요한 인생의 대사지만 여성에게 그 무게가 더 무거운지도 모르겠습니다. 아무튼 오랜 연인이라면 솔직하게 마음에 있는 걱정을 서로 이야기하는 것이 좋겠습니다. 결혼을 앞두고 드는 불안은 상당 부분 자녀의 출산과 양육에 대한 잠재적인 불안입니다. 그리고 상대 친족의 관여와 개입 정도에 대한 몇 가지 불안도 있을 수 있습니다. 결혼과 결혼 이후의 생활에 대한 적절한 분담도 불안 요소입니다. 아마 많은 문제는 이야기를 나누는 것만으로도 해결될지 모릅니다. 잘 해결되지 않는 것들은, 서로 조금씩 양보해가다 보면 오히려 전보다 더 깊은 사랑(연인보다는 부부에 더 가까운 사랑)을 느낄 수 있을 것입니다.

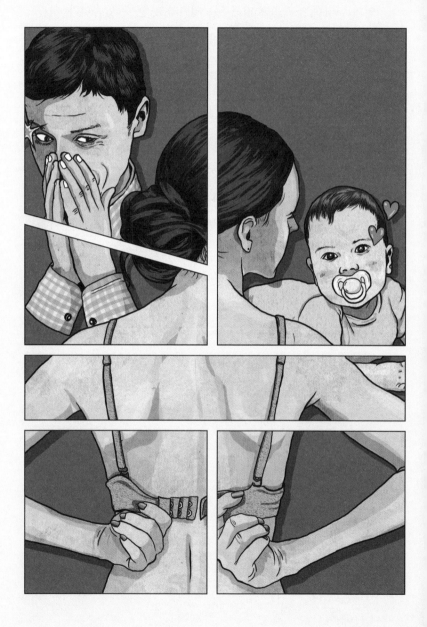

3장

물보다 진한 피와 유전자

유방의 진화사

여성의 유방은 아주 미스터리한 신체 기관 중 하나입니다. 포유류의 암컷이라면 대부분 가지고 있는 장기이며, 주 기능은 새끼에게 젖을 주는 것이죠. 그뿐입니다. 하지만 인류에게 유방은 아주 복잡한 진화적·문화적 의미가 있습니다. 심지어 '유방'이라고 말하는 것조차도 상당히 경박한 것으로 취급됩니다. '가슴'이라는 용어로 돌려서 표현하죠. 도대체 인간의 유방에 무슨 일이 일어난 것일까요?

수유 기관을 넘어

2010년 기준으로 미국에서 유방 확대술을 받은 여성은 대략

500만 명입니다. 20명 중 한 명은 유방에 보형물을 넣고 있다는 뜻입니다. 유방 확대술의 인기는 점점 높아지는데, 2007년 한 해에만 무려 40만 명의 여성이 수술을 받았습니다. 일부는 유방암 등으로 인한 재건 수술입니다만(29퍼센트), 대부분은 단지 미용 목적의 성형수술입니다.

유방 수술에 들어간 비용만 매년 20억 달러에 달하는데, 이는 통가와 소말리아, 사모아의 국내총생산(GDP)을 합친 액수보다 더 많습니다. 매년 여성의 가슴에 들어가는 보형물의 양을 모두 합치면, 올림픽 경기용 수영장을 가득 채운다고 합니다.

재미있는 것은 유방 축소술도 매년 10만 건이 넘게 시행된다는 것입니다. 게다가 그중 약 2퍼센트가 남성입니다. 유방 확대술을 받는 남성은 거의 없겠지만, 축소술을 받는 남성이 매년 미국에서만 2만 명에 달한다고 합니다. 참고로 남성의 유방 축소술은 미용 수술이 아니라, 재건(!) 수술로 분류됩니다. 유방 확대술을 받은 여성의 10퍼센트는 다시 보형물 제거술을 받기도 합니다. 도대체 인류는 왜 이렇게 유방을 못살게 구는 것일까요?

인간의 유방은 성적 신호와 관련되어 점점 커지게 되었다는 오래된 주장이 있습니다. 유방은 가슴에 달린 엉덩이라는 것인데, 인류학자 데즈먼드 모리스Desmond Morris의 도발적 주장입니다. 그의 책이 너무 많이 팔리다 보니 마치 정설처럼 받아들여집니다.

"인간은 두 발로 걷기 시작했다. 그러면서 남성의 시선이 여성의 엉덩이보다는 상반신에 더 많이 머물게 되었다. 따라서 여성의 유방은 점점 위로 올라가서 가슴에 자리를 잡게 되었고, 모양도 엉덩이를 닮은 모양이 되었다."는 것이 요지입니다. 심지어 여성의 둥근 얼굴이나 도톰한 이마, 둥근 어깨 등도 엉덩이를 흉내 낸 것이라고 주장하죠. 하지만 정말 그렇다면 유방이 두 개 있는 것보다 여섯 개쯤 있는 편이 더 좋을 것입니다.

유방의 크기나 모양, 대칭성 등이 좋은 유전자를 보증한다는 이른바 '정직한 신호 가설honest signal hypothesis'이 있습니다. 수유 여부와 무관하게 항상 상당한 크기를 유지하는 이유도 가임력을 보증하는 신호이기 때문이라는 것입니다. 하지만 크기가 작거나 비대칭의 유방이 신체적 결함과 관련된다는 실질적 증거는 부족합니다.

여성의 유방이 성적 매력을 나타내는 지표 중 하나인 것은 분명합니다. 하지만 오로지 남성의 시선을 사로잡기 위해서 현재의 위치와 크기로 진화했다는 것은 다소 무리한 주장입니다.

뇌의 진화와 유방

인류 진화사의 가장 중요한 두 사건을 꼽는다면, 바로 두 발 걷기와 대뇌화입니다. 두 발로 걷는 인간은 엄청나게 큰 뇌를 가지고 있습니다. 그런데 이 두 가지 적응 사이에서 충돌이 일어났습니다. 두 발로 걸으려면 골반이 작아야 합니다. 그런데 큰 뇌를 가진 아기를 낳으려면, 골반이 커야 합니다. 그래서 최대한 빠듯한 수준까지 임신을 유지하다가 출산합니다. 조금만 엄마 배 안에서 미적거리면, 세상에 나오지 못하게 됩니다(제왕절개가 시행되기 전에는 수많은 엄마와 아기들이 이런 이유로 죽었죠.).

웬다 트레바탄의 말에 따르면, 인간의 모든 신생아는 사실상 '미숙아'에 가깝습니다. 수렵-채집 사회에서는 보통 3~4년 동안 수유를 합니다. 다른 영장류에 비해서 수유 기간이 아주 깁니다. 심지어 7년 이상 수유를 하는 문화도 적지 않습니다. 그런데 인간의 아기는 팔 힘이 약하기 때문에 어머니를 붙잡고 있을 수 없습니다. 게다가 잡고 있을 '털'도 사라졌습니다. 어머니는 수년 이상 자신의 팔로 아기를 안고 다녀야만 합니다. 팔로 안고 있는 아기의 얼굴은 가슴에 위치하게 됩니다. 유방도 그곳에 있는 편이 좋겠죠.

아기는 어머니의 유방을 빨고, 비비고, 만지며 성장합니다. 어머니의 숨소리와 목소리를 듣고, 폭신한 감촉을 느끼며, 고소한 냄새를 맡죠. 굳이 수유 중이 아니더라도 어머니의 품에 찰싹 안겨 있는 자세는 마치 태반 속 태아를 연상케 합니다. 그래서 어떤 학자는 인간의 임신 기간을 총 18개월이라고 주장했습니다. 첫 아홉 달은 모체 내 수태, 출산 이후 아홉 달은 모체 외 수태

기간이라는 것이죠.

이런 점을 볼 때 유방의 진화가 단지 성 선택에 따라 일어났다는 주장에는 선뜻 동의하기 어렵습니다. 사실 여성의 유방이 현재와 같은 성적 상징으로 등장한 것은 그래 오래된 일이 아닙니다. 물론 지금은 여성의 유방이 성적 매력과 아주 깊은 관련이 있습니다. 공공장소에서 유방을 드러내면 사회적 비난은 물론 처벌도 받습니다. 모두 돋보이는 유방을 추구하지만, 이는 동시에 강력한 금기의 대상입니다. 서구 사회에서 유방은 이미 '성기'의 일부입니다.

현대 여성에게 수유와 양육을 위한 기능은 상당 부분 인공 유방, 즉 젖병과 요람이 대신하고 있습니다. 물론 수유 여부는 전적으로 어머니가 선택할 문제입니다. 하지만 이 사회에서 과연 어머니의 자유로운 선택이 가능한지는 의문입니다. 최근 모 분유 회사는 출산 휴가나 육아 휴직을 보장하지 않아 사회적 비난을 받았죠. 분유를 만들기 위해서 아기에게 수유하지 못한다는 것은 정말 이상한 일입니다.

수렵-채집 사회에서는 여성의 유방이 이 정도로 강력한 성적 충동을 유발하지 않습니다. 대부분 그냥 노출하고 다니죠. 지그문트 프로이트Sigmund Freud는 성적 대상이 변질되거나 성적 목표가 바뀐 경우를 페티시즘fetishism이라고 했습니다. 그러면서 여성의 유방에 대한 성적 집착을 그 예로 들었죠. 서구 사회에서 가장 강력한 성적 상징 중 하나는 단연 유방입니다. 혹시 지난 100여 년간 만연하게 된 모유 대체식, 그리고 모자 애착의 결핍으로 인해서 현대인의 마음에 유방에 대한 과도한 선망과 허기가 자리하게 된 것은 아닌지 모르겠습니다.

수유 여부는 전적으로 여성의 권리입니다. 자유로운 의지 혹은 의학적 이유로 수유를 선택하지 않을 수 있습니다. 하지만 일단 수유를 막는 사회적·문화적·제도적 장애물은 없어져야 합니다. 수많은 편견과 어려움 속에서, 종종 사회적 경력의 단절을 감수하면서도 아기를 꼭 품에 안고 돌보는 어머니들을 지지합니다. 또한 현실적으로 도리가 없어, 타인의 손에 아기를 맡기고 일터로 향해야 하는 어머니들도 같은 마음으로 지지합니다.

영아 살해와 모성애

모성애는 가장 위대한 사랑으로 꼽힙니다. 남녀 간의 사랑이 아무리 뜨거워도 감히 어머니의 사랑에 비교하기는 어렵습니다. 흔히 무조건적인 아가페적 사랑이라고 하죠. 하지만 과연 어머니의 사랑은 그렇게 조건 없이 절대적인 것일까요? 사실은 그렇지 않습니다.

영아 살해의 보편성

영아 살해는 아주 드물게 일어나는 현상일 것이라 생각할 수 있지만 실제로는 그렇지 않습니다. 출생 신고와 병원 출산이 보편화되기 이전에는, 사실 살해가 일어나도 외부에서 알 도리가 없었습니다. 갓난아기는 매우 연약하므로 직접적인 살해는 아니더라도 '시름시름 앓다가' 죽도록 하는 것은 아주 쉬운 일이죠.

남아를 선호하는 사회에서 남녀의 성비를 조사하면, 영아 살해의 규모를 짐작할 수 있습니다. 기록에 의하면 인도 북부 지역에서는 남녀의 성비가 무려 3 대 1에 달하기도 했습니다. 중국 푸젠성에서는 절반 이상의 여아들이 10세 이전에 사망했죠. 나머지는 죄다 죽은 것입니다. 남아들이 죽은 일도 있었을 테니, 얼마나 많은 아기가 부모의 손에 죽었을지 가늠하기조차 어렵습니다.

소위 선진 문명국으로 불리는 나라도 예외는 아닙니다. 역사학자 프랭크 맥린Frank Mclynn에 따르면 18세기 영국 아기들은 종종 어머니의 '실수'로 템스강에 빠지곤 했습니다. 일부 유모들은 어머니들에게 아주 인기가 높았다고 합니다. 그 유모에게 아기를 맡기면 곧 죽었기 때문이죠. 같은 시기 프랑스는 더 우아한 방법을 선택했습니다. 병원 입구에 베이비박스를 달아둔 것이죠. 한 해에만 10만 명이 넘는 아기들이 베이비박스에 담겼고, 이 중 80퍼센트는 1년 안에 죽었습니다.

현대 사회에서 영아 살해가 드물게 관찰되는 것에 대해서, 단지 '태아 살해'로 그 형태가 바뀌었을 뿐이라는 주장도 있습니다. 여러 가지로 논란의 소지가 있는 주장이지만, 낙태가 영아 살해의 '수요'를 어느 정도 분산시킨 것은 사실입니다. 물론 보편적인 피임 교육이 영아 살해를 줄인 일등 공신이죠. 불과 수백 년 전만 해도 피임이나 낙태는 사실상 선택지가 아니었습니다. 구석기 시대에는 약 절반의 아기들이 태어나자마자 살해된 것으로 추정되는데, 아마 피임법이 있었다면 사정이 좀 달랐을 것입니다.

아이 한 명을 키우는 데 드는 에너지의 양은 어마어마합니다. 교육비 때문이 아닙니다. 수년에 이르는 수유 기간 동안 어머니는 식량 생산에 참여하지 못합니다. 기존의 아이들과 제한된 자원을 나누어야 합니다. 수렵-채집 사회에서 성인까지 잘 성장하여 부모에게 손주를 안겨주는 자식의 수는 두세 명에 불과했다는 연구도 있습니다. 농업혁명 이후 사정은 조금 나아졌지만, 오랫동안 한 명의 식솔이 늘어나는 것은 대단한 도전이었습니다.

그리스 신화에 등장하는 여성 메데이아는 이아손의 아내입니다. 다른 여성과 결혼하려는 남편에 대한 복수심으로 자신의 아이들을 모두 죽이죠. 그리스 신화의 대표적 악녀로 나옵니다만, 사실 원시 시대 여성들은 남편의 지원이 없으면 자식을 키우는 것이 거의 불가능했습니다. 심지어 배란 은폐와 같은 생물학적 특징도, 남편을 계속 옆에 붙잡아 두려는 전략이었다는 가설도 있습니다. 악녀라고 욕할 수만은 없습니다.

실질적인 면만 고려하면, 영아 살해는 여성의 생애 동안 최대의 번식적 이득을 얻기 위한 전략일 수 있습니다. 물론 그 과정은 참혹하지만 말이죠. 그래서 아이의 아버지로부터 지원이 중단되면, 자식을 포기하는 현상을 흔히 메데이아 효과Medea effect 라고 합니다.

영아 살해의 사회적 요인들

영아 살해는 식량 공급 패턴과 깊은 관련이 있습니다. 특정 지역에 가뭄 등으로 기아가 발생하면 영아 살해율은 크게 높아집니다. 단위 면적당 생산량이 낮은 인도 북부에 비해서 남부의 영아 살해율이 아주 낮은 이유입니다. 인도 남부는 벼농사를 짓는데, 이는 여성도 어느 정도 감당할 수 있습니다. 메데이아 효과에서 조금은 자유로운 것이죠.

어머니의 나이도 중요합니다. 보통 늦게 낳은 자식은 영아 살해의 희생을 당하지 않습니다. 이는 어머니의 나이가 잠재적인 번식 가능성과 반비례하기 때문에 발생하는 현상입니다. 캐나다에서 이루어진 한 연구에 따르면 19세 이전에 낳은 아이에 비해서 30~34세 사이에 낳은 아이는 살해당할 위험이 약 5분의 1로 감소했습니다. 10대 임신에 더 깊은 관심을 가져야 하는 이유입니다.

또한 출산 후 첫 1년 동안의 지지가 중요합니다. 사실 아기의 생존 가능성은 첫 1년 사이에 비약적으로 향상됩니다. 반대로 어머니의 양육 투자율은 상당히 낮아집니다. 첫 1년은 아기가 가장 연약한 시기지만, 이 시기를 무사히 넘기고 나면 생물학적 부모에 의한 영아 살해율은 급격히 감소합니다.

모성애는 가장 위대한 사랑임이 분명합니다. 그러나 전적으로 '무조건'적인 사랑은 아닙니다. 어머니로서는 기존 자식의 생존 가능성, 향후 태어날 자식의 잠재적 가능성을 모두 고려해야 합니다. 오랜 진화적 세월을 거치는 동안 어머니는 가슴이 찢어지는 선택을 하도록 강요받았습니다. 무조건 다 키우려다 모두 다 죽을 수는 없으니까요.

출산율이 떨어지고 있습니다. 두 명을 낳아야 '본전'인데, 한 명만 낳고 출산을 중단하는 어머니가 많습니다. 이는 현대 여성의 모성애가 부족하기 때문이 아닙니다. 사실 현대 사회에서 영아 살해는 대서특필할 만한 뉴스입니다. 그러나 다른 의미에서 보면 '예방적 영아 살해'가 매일같이 일어나고 있는지도 모릅니다. 낙태와 피임을 통해서 말이죠. 건강하게 아기를 낳아 키울 수 있는 환경이었다면 미래에 건강하게 살아갔을 아이들이 아예 처음부터 태어나지도 못하고 사라지는 것입니다.

이제 먹을 것이 넘쳐나는 세상인데도 출산율이 줄어드는 것은 단지 여성의 이기심 때문이라고 비난하는 사람이 있습니다. 그러나 모든 적응적 선택은 그에 해당하는 페이오프를 가집니다. 현대 사회에서 아기를 다섯 명 정도 낳으면 사실상 제대로 교육

하기가 어렵죠. 굶어 죽지는 않겠지만, 아이들은 사회의 최하층에 머무를 가능성이 커집니다. 어떤 의미에서 출산율은 그 사회가 가진 미래의 잠재력을 가장 잘 드러내는 지표인지도 모릅니다. 여성의 잘못이 아닙니다.

아기를 한 명, 많아도 두 명을 낳기 어려운 우리 사회는 아기의 절반 이상을 하늘나라로 떠나 보내야 했던 척박한 인도 북부 지역만큼이나 삶의 조건이 척박하다고 할 수 있습니다. 삶의 조건이 나아지면 아기도 더 많이 낳게 됩니다. 그동안 아예 피어나지도 못한 미래의 가능성, 즉 예방적 영아 살해를 당했던 작은 천사들 말입니다. 건강한 모성애는 건강한 가정과 사회 속에서 비로소 가능해집니다.

남매의 금지된 사랑

약 20년 전에 인기리에 방영된 텔레비전 드라마 〈가을동화〉를 기억하시는지요? 주인공의 뛰어난 연기와 서정적인 영상미로 빛나는 이 드라마는 당시 무려 40퍼센트가 넘는 시청률을 보이며 인기를 누렸습니다. 송혜교, 원빈, 문근영 등이 이 드라마로 스타의 반열에 오르기도 했죠.

어떤 의미에서는 '막장' 요소가 다분한 드라마입니다. 갑작스러운 사고나 재벌, 출생의 비밀, 불치병 등의 소재가 모두 등장합니다. 줄거리는 대강 이렇습니다. 남자 주인공 준서와 여자 주인공 은서는 유복한 윤 교수 집안의 남매입니다. 그런데 알고 보니 은서는 친딸이 아니었죠. 실수로 산부인과에서 초등학교 동창 신애와 뒤바뀐 것입니다. 갈등하던 윤 교수 부부는 결국 은서를 버리고 미국으로 떠납니다. 이후 어른이 된 준서와 은서는 우연히 재회하게 되고, 둘 사이에서 깊은 사랑의 감정이 싹트게 됩니다. 하지만 결국 은서는 불치병으로, 준서는 교통사고로 세상을 떠나게 됩니다.

근친상간금제의 문화적 이유

사실 준서와 은서의 사랑은 불법입니다. 민법에 따르면 친족간은 물론이고, 과거에 친족이었던 사람과도 혼인할 수 없습니다. 즉 8촌 이상의 부계혈족, 4촌 이내의 인척간에는 특별한 경우를 제외하고는 결혼을 할 수 없습니다. 이는 우리나라뿐 아니라 대부분의 문화권에서 보편적으로 관찰됩니다(혼인 금지의 범위는 국가별로 다소 차이가 있습니다.).

은서의 부모가 자신의 딸에게 민법 847조에 의거한 친생부인의 소, 즉 내 자식이 아니라는 소송을 걸어 친족 관계를 소멸시키면 혼인할 수 있다는 주장도 있습니다(딸이 바뀐 것을 알게 된 지 이미 2년이 지나서 권리가 소멸했다는 말도 있습니다.). 물론 은서의 부모가 준서와 은서의 결혼을 위해서 이런 소송을 할 리는 없겠죠.

본론으로 돌아가죠. 남매간의 결혼은 도대체 왜 금지된 것일까요?

인류 사회에서 근친상간을 금지하는 것은 문화적 이유 때문이라는 주장이 있습니다. 아주 오랜 옛날 인류가 작은 친족 집단으로 살고 있을 때, 보편화된 족외혼의 풍습이 아직 남았다는 이론이죠. 예를 들어 반드시 다른 부족의 이성과 결혼하도록 강제하는 부족을 생각해봅시다(족외혼). 시간이 지나면서 점점 많은 부족과 동맹을 맺게 될 것입니다. 이웃 부족과 계속 사돈 관계를 맺으니 강대해지는 것이죠.

반대로 분열을 조장하므로 근친혼을 금지했다는 주장도 있죠. 여동생 한 명을 두고 형제들이 서로 싸우면 집안이 어떻게 되겠느냐는 것입니다. 브로니스와프 말리노프스키Bronisław Malinowski의 이론인데, 허점이 많아서 지금은 널리 받아들여지지 않습니다.

클로드 레비스트로스Claude Lévi-Strauss는 족외혼을 통해서 가족 집단이 점점 큰 사회 조직으로 발전했다고 믿었습니다. 다시 말해서 근친상간 금지와 족외혼, 즉 부족 간 '여자의 교환'이 인류 사회의 기초를 이룬 원동력이라는 것이죠. 레비스트로스는 심지어 "근친상간에서 벗어나면서 인간은 자연에서 문화로, 동물에서 인간으로 진보했다."고 말합니다. 인류학자 레슬리 화이트Leslie White는 이러한 생각을 더 구체적으로 정립했는데, 흔히 동맹 이론 혹은 협동 이론이라고 부릅니다. 사실 화이트는 너무 나가서 근친상간으로 인한 생물학적 해악은 없으며, 모든 것은 오로지 '문화적'이라고 주장하기도 했죠.

근친상간금제의 진화적 이유

핀란드 출신의 사회학자 에드바르드 베스테르마르크Edvard Westermarck는 1886년 〈문화는 인류를 더 행복하게 만들어주는 가?〉라는 제목의 석사학위 논문을 쓰고는, 결혼의 역사에 대한 박사학위 논문을 준비합니다. 찰스 다윈이나 루이스 모건Lewis Morgan의 책을 읽고 싶었던 그는 25세의 나이에 영어 공부를 시작합니다. 그리고 런던박물관에 틀어박혀 5년 만에 《인류 혼인의 역사The History of Human Marriage》라는 책을 펴내죠. 그는 40대 후반에 런던대학교 사회학 교수가 된 후로도 주로 영국에서 활동합니다. 이 때문에 에드워드 웨스터마크로 불리기도 합니다.

그는 근친상간금제에 대한 새로운 주장을 펼칩니다. 기존의 우생학적 견해(근친혼은 기형을 유발하므로 강제로 금지했다는 주장)나 구조주의적 견해(동맹 형성을 위해 족내혼보다 족외혼이 선호되었다는 주장)와 달리, 단지 '가족끼리는 별로 끌리지 않기 때문'이라는 참신한 주장입니다. 그의 영어식 이름을 따서 웨스터마크 효과라고 합니다. 준서와 은서는 서로를 이성으로 느낄 수 없다는 것입니다. 다시 말해서 어린 시절에 같이 자란 이성에게는 매력이 느껴지지 않는, 이른바 부정적 봉인 효과가 일어난다는 것이죠.

이러한 주장에 대해서 지그문트 프로이트를 비롯한 정신과 의사들은 심하게 반발했습니다. 만약 그렇다면 오이디푸스 콤플렉스(어린 시절 어머니에 대한 성적 갈망이 정신 발달의 원동력이자, 신경증의 원인이 된다는 이론)는 처음부터 있을 수 없는 일이기 때문이죠. 게다가 근친상간을 피하는 본성이 있다면, 굳이 이를 막는 제도가 생길 이유가 무엇이냐는 반대도 있었습니다. 황금가지를 쓴 제임스 프레이저James Frazer의 비판이었죠.

당시 베스테르마르크의 주장은 별로 인정을 받지 못했습니다. 지성계 전체를 풍미하던 프로이트와 프레이저의 비판을 받았으니 당연한 일인지도 모르죠. 베스테르마르크는 1937년에 사망했는데, 이후 그의 이론은 한동안 사장되어 있었습니다.

1960년대에 접어들면서 근친 교배는 생물학적으로 열등한 자손을 유발한다는 근교 약세 현상이 확립됩니다. 이전에도 육종학자들은 경험적으로 알고 있는 사실이었는데, 이 시기에 관련된 과학적 증거가 쏟아져 나왔죠. 게다가 인간만이 아니라 다른 동물에서도 근교 회피 현상이 폭넓게 보고되기 시작했습니다. 마카크, 카푸친, 레무르, 거미원숭이, 개코원숭이 등 다양한 영장류에서 족외혼 현상(인간과 달리 수컷이 다른 집단으로 떠나는 형태)이 관찰되었고, 침팬지에서도 일부 근교 회피 현상이 보고됩니다.

어린 시절에 같이 성장한 이성은 결혼하는 경우가 드물다는 주장을 실증하는 연구도 속속 발표됩니다. 중국의 민며느리 제도는 높은 이혼율과 낮은 출산율로 이어진다는 보고, 그리고 이스라엘 키부츠(자식이 부모와 떨어져 공동생활을 하는 사회주의적 협동 농장)에서 자란 아이들이 서로 결혼하지 않는다는 보고 등이죠. 게다가 주요 조직적합성 복합체Major Histocompatibility Complex(MHC) 유사성에 의한 친밀도가 성적 매력과 역상관 관계를 보인다는 사실이 밝혀지는데, 다시 말해서 서로 냄새가 비슷한 가족끼리는 '애착'을 느낄 뿐 '성적 욕망'을 느끼지는 못한다는 것이죠. 심지어 후각 능력이 떨어지면 근친혼이 늘어난다는 주장도 있습니다.

최근 발표되는 다양한 진화인류학적 연구들은 대부분 웨스터마크 효과를 지지합니다. 약 100년 전에 주장한 가설이 이제야 입증되고 있는 것이죠. 아무튼 함께 자란 남매가 서로 사랑하면 어쩌나 하는 걱정은 별로 할 필요가 없습니다. 그럴 리 없습니다. 아마 남매로 자란 분이라면 굳이 어려운 이론을 들이대지 않아도 경험적으로 알고 계실 겁니다. 아무리 예쁜 여동생이나 멋진 오빠라도, 서로에게는 아무 느낌이 없다는 사실 말이죠.

형제자매, 가장 가까운 경쟁자

아담과 이브의 사랑 이야기 바로 다음에, 〈창세기〉는 아래와 같은 이야기를 이어 전합니다.

카인은 아우 아벨을 들로 가자고 꾀어 들로 데리고 나가서 달려들어 아우 아벨을 쳐죽였다. 야훼께서 카인에게 물으셨다. "네 아우 아벨이 어디 있느냐?" 카인은 "제가 아우를 지키는 사람입니까?" 하고 잡아떼었다.

– 〈창세기〉 4장, 공동번역

아담과 이브는 인류 최초의 부부입니다. 그런데 그들이 낳은 '인류 최초의 형제'는 우애가 별로 좋지 않았던 모양입니다. 하나는 형에게 죽고, 하나는 동생을 죽였죠. 형제의 갈등은 인류의 근원적 본성입니다. 카인은 땅에서 쫓겨났고, 아담은 다시 셋을 낳았습니다. 굳이 말하자면 각각 맏이, 둘째, 막내죠. 물론 그들이 삼형제였다는 말은 없습니다.

서로의 희생을 기대하는 형제

1972년 진화학자 로버트 트리버스는 이렇게 말합니다. "특정한 자손에 대한 부모의 투자는 다른 자손에 대한 투자를 희생하여 이루어진다. 이를 통해서 그 특정 자손에 대한 생존 및 번식 가능성이 커지게 된다." 즉 트리버스의 주장에 따르면 기본적으로 형제자매는 서로의 희생을 은근히 기대할 수밖에 없습니다. 자신이 살아남으려면 말이죠.

형제자매, 즉 동기간의 유전적 근연도(r)는 0.5입니다. 부모와 자식 간의 유전적 근연도 역시 0.5입니다. 즉 일차친족은 서로의 유전자를 절반씩 공유하고 있다는 뜻이죠. 그런데 이상합니다. 부모의 사랑은 대단히 희생적인 데 반해, 동기간의 우애는 그렇지 않습니다. 유전자 근연도는 동일한데도 말이죠.

아주 골치 아픈 문제입니다. 왜 유전적 근연도는 같은데, 부모는 자식에게 희생하고 형제는 서로 경쟁하며, 자식은 부모를 별로 돌보지 않을까요? 이 문제를 풀려면 각자의 나이를 살펴야 합니다. 다시 말해서 각자 다른 생애사적 과업을 해결해야 한다는 것이죠. 서로의 목표가 다르니 갈등이 생길 수밖에 없습니다.

첫째 아이를 낳은 부모는 상당 부분의 자원을 투입합니다. 인간의 아기는 아주 연약하므로 어머니는 사실상 거의 모든 시간을 양육에 투자해야 합니다. 아버지도 세 명의 식량을 구해와야 하므로 전보다 훨씬 바빠집니다. 하지만 시간이 지나면 점점 상황이 나아집니다. 아이는 점점 성장하며 부모의 손이 덜 가게 됩니다. 부모는 이제 둘째 출산을 염두에 두게 됩니다.

이는 첫째 아이에게는 아주 슬픈 상황입니다. 둘째를 낳으면, 자신이 찬밥이 되리라는 직감을 하게 되죠. 어머니는 둘째에게 온 정성을 쏟을 것이고, 아버지의 관심도 둘째에게 갈 것입니다. 심지어 첫째에게 둘째를 잘 돌보라고 시킬지도 모릅니다. 둘째가 태어난다는 것은 첫째에게 절대 유쾌한 일이 아닙니다. 젖을 뗀 아이가 여전히 어머니 곁에서만 잠을 자려는 경향을 두고 둘째의 임신을 막으려는 시도일 것이라고 하는 주장도 있습니다. 침팬지 사회에서도 어린 침팬지가 부모의 교미를 방해하는 현상이 관찰됩니다. 물론 인과성을 입증하기는 어렵습니다.

둘째는 타고난 반항아인가

부모의 나이가 점점 들수록 아이들도 많아집니다. 첫째에게는 자식이 자꾸 태어나는 것이 영 마뜩잖겠지만 어쩔 수 없는 노릇입니다. 비록 부모의 자원을 나눠 가져야 하는 단점은 있지만, 서로 협력하여 얻는 이득도 있으니 꾹 참고 넘어갑니다. 자꾸만 동생을 낳는 부모의 전략에 대항할 대안을 찾게 됩니다.

1996년 프랭크 설로웨이Frank Sulloway는 출생 순서에 따라 성격이 달라진다는 연구를 발표했습니다. 예를 들어 맏이는 부모의 사랑을 계속 유지하기 위해 부모에게 협력하려는 성향을 발전시킨다는 것이죠. 그리고 권위와 힘, 나이를 이용해서 동생을 제압합니다. 자연스럽게 보수적이고 순응적인 성격이 되며, 책임감도 강해집니다. 부모도 첫째 아이에게 상당히 의존하게 됩니다. 시간이 지나면 첫째 아이는 점점 제 역할을 하게 됩니다. 육아와 집안일을 도울 뿐 아니라 외부 자원을 획득하는 일에 동참하기도 하죠. 제법 부모 역할을 대행하게 되는 것입니다.

안타까운 것은 둘째, 셋째, 넷째…… 즉 중간에 태어난 아이들입니다. 연구에 따르면 이들은 다소 반항적이고 도전적이면서, 또한 유연하고 개방적인 성격이 된다고 합니다. 그런데 막둥이의 경우는 상당히 다릅니다. 부모에게는 마지막 자식이죠. 다음 자식을 기대하기 어려워진 부모는 막내에게 남은 자원을 모조리 투입합니다. 이런 독특한 환경 속에서 막내의 성격도 그에 맞추어 적응합니다. 영원한 귀염둥이, 이른바 '막내' 노릇을 하는 것이죠.

설로웨이의 주장에 대해서는 아직도 논란이 분분합니다. 단지 출생 순서에 따라서 성격이 정해진다는 것은 지나치게 단순화된 주장에 불과하다는 비판이 있습니다. 그러나 여러 연구에 따르면, 약간의 경향성은 분명히 있는 것 같습니다.

자식을 한 명, 많아야 두 명 낳는 시대입니다. 아이 대부분은 맏이 아니면 막내입니다. 다시 말해서 아벨, 즉 둘째가 사라지고 있습니다. 설로웨이의 주장이 옳다면, 세상에는 점점 개방적이고 도전적인 성격을 가진 사람이 줄어들지도 모르겠습니다. 아벨을 죽인 카인은 "제가 아우를 지키는 사람입니까?"라고 항변했죠. 그런데 정작 현대의 아벨들은 아예 태어나지도 못하고 있습니다. 안타까운 일입니다.

현명한 상속의 법칙

찰스 디킨스Charles Dickens의 소설 《위대한 유산Great Expectation》을 읽어보셨나요? '기대'와 달리 주인공은 유산을 받지 못합니다만 그보다 더 소중한 삶의 의미를 찾습니다. 사실 그것이야말로 진정한 유산이었죠. 하지만 대부분 사람은 '삶의 의미'보다는 실제 유산에 더 관심이 많을 겁니다. 여러분은 얼마나 유산을 받을 것으로 예상하시나요? 그리고 여러분의 재산은 어떻게 분배할 계획인지요?

상속의 원칙과 친족 선택

우리는 성공적인 번식 가능성이 큰 자식에게 양육 투자를 집중하는 경향이 있습니다. 친족 선택 이론이라고 합니다. 그런데 열 손가락 깨물어 안 아픈 손가락이 없지만, '더' 아픈 손가락은 있는 모양입니다.

우리가 평생 일군 물질적 재화 중 다 쓰지 못한 재산을 유산으로 남기게 됩니다. 시간과 노력, 그리고 운이 결합한 결과물이죠. 유산을 물려받는다는 것은 상속인의 삶 일부를 받는 것이나 다름없습니다. 피상속인은 엄청난 적응적 이익을 얻게 됩니다. 가능한 한 많이 받고 싶죠. 그러나 상속인은 자신의 이익을 극대화할 수 있는 방향으로 상속하려고 합니다.

어차피 죽고 난 뒤에 물려줄 재산인데, 누구에게 주던 무슨 상관일까요? 하지만 피는 물보다 진합니다. 우리는 유전적 근연도에 따라서 재산을 남기려는 경향이 있습니다. 이는 주로 다음과 같은 세 가지 원칙에 따라 정해집니다.

1. 유전적으로 무관한 다른 사람보다 자식이나 배우자에게 더 많은 재산을 상속한다.
2. 먼 친족보다 가까운 친족에게 더 많은 재산을 남긴다.
3. 형제자매보다는 자식에게 더 많은 재산을 물려준다.

당연한 일입니다. 별로 관련도 없는 사람보다는 자식이나 배우자에게 재산을 물려주는 것이 당연하죠. 형제자매는 자식과 유전적 근연도가 동일하지만, 자식의 미래가 더 창창합니다. 유산을 남길 무렵이면 형제자매도 대부분 노인일 테니 말입니다.

잠깐, 그런데 왜 배우자에게 유산을 많이 남길까요? 가장 가까운 사람임에는 분명하지만, 유전적으로는 '남'일 뿐인데요. 이는 배우자에게 남긴 재산이, 결국 자녀를 위해서 가장 잘 쓰이기 때문입니다. 나와는 '유전적 타인'이지만, 자식의 부모임은 틀림없기 때문이죠.

하지만 자식이 여러 명일 경우에는 좀 복잡해집니다. 실제 유산 상속은 딸보다 아들, 그리고 장남에게 더 많이 분배되는 경향이 있습니다. 이런 불평등한 분배가 종종 큰 싸움을 일으키기도 합니다. 유산 분배와 관련해서, 부호의 2세들이 서로 소송전을 벌여 신문 지상을 장식하기도 합니다.

캐나다의 한 연구에 따르면 재산이 많은 부모는 주로 아들에게, 그리고 재산이 적은 부모는 주로 딸에게 유산을 물려주었습니다. 구체적으로는 약 1억 원 이상의 유산을 물려줄 때만, 아들에게 더 많이(아들 30퍼센트, 딸 15퍼센트) 분배했습니다. 그리고 그보다 적은 유산을 가진 부모는, 딸에게 더 많이 상속하는 경향이 있습니다.

재산 상속 경향은 개인의 가치관이나 문화의 영향을 많이 받기 때문에 연구하기가 까다롭습니다. 존 하텅John Hartung은 마취과 의사라는 독특한 이력을 가진 인류학자인데, 일부다처제와

부의 상속에 관한 참신한 연구를 통해 다음과 같은 흥미로운 결론을 내렸습니다.

> 일부다처제 사회에서는 아들에게 더 많은 재산을 물려주려고 한다.
> 일부일처제 사회에서는 아들에 대한 집중적 상속 경향이 줄어든다.

이게 무슨 말일까요? 일부다처제 사회에서는 재산을 가능한 한 아들에게 집중해서, 아들이 여럿의 아내를 거느리게 하는 편이 유리하다는 것입니다. 손자를 많이 볼 수 있기 때문이죠. 반대로 일부일처제 사회에서는 아들에게 재산을 몰아주어도 별 도움이 안 됩니다. 차라리 공평하게 나누어주는 편이 더 많은 손자를 얻는 방법이죠. 조선 중종 때 문신 종 6품 벼슬을 지낸 권의는 75세에 〈분재기分財記〉, 즉 재산 상속 유언장을 남기며 노비 네 명과 집과 논밭을 7남 1녀에게 균등하게 분배했습니다.

물론 일부일처제 사회에서도 여전히 아들에게 재산을 더 많이 물려주려는 경향이 있습니다. 이는 과거 일부다처제 사회의 '유산'으로 볼 수 있습니다. 시대가 바뀌었지만, 상속 문화는 아직 따라가지 못하는 것이죠. 아직도 막연하게 "모름지기 재산은 아들에게 주어야지."라는 고정관념이 단단하게 남아 있는 것 같습니다.

장자에게 모든 것을 거는 이유

앞서 소개한, 캐나다에서 수행한 연구에서, 상속 재산이 1억 원 이상인 경우에만 아들에게 더 많은 유산을 물려준다고 하였습니다. 왜 '가난'한 부모는 딸에게 더 많은 재산을 물려주려고 했을까요? 많지 않은 재산을 아들에게 물려주어도, 많은 아내를 거느릴 가능성이 없기 때문입니다. 이럴 때는 차라리 적은 재산을 딸에게 나누어주는 편이 유리합니다. 딸은 두 번째 혹은 세 번째 아내라도 될 가능성이 있기 때문이죠. 여성으로서는 좀 수긍하기 어려운 설명이겠습니다.

게다가 많은 사회에서는 큰아들(혹은 제일 똑똑한 아들)에게 재산 대부분을 물려주는 경향이 있습니다. 모두 같은 아들인데, 차별하는 것일까요?

이에 대해서는 논란이 좀 있습니다만, 재산의 분할을 막으려는 장치였다는 가설이 유력합니다. 예를 들어 대규모 영지를 가진 영주라고 해도, 아들이 다섯이면 영지가 다섯으로 나뉩니다. 그다음에는 스물다섯으로 나뉘고, 곧 125개의 땅으로 조각나게 됩니다. 이래서야 영주의 지위를 유지할 방법이 없습니다. 가문의 정치력과 경제력을 유지하려면, 모든 재산을 한 명에게 몰아주는 것이 더 유리하다는 것이죠.

《위대한 유산》의 주인공 핍은 엄청난 재산을 물려받을 기대에 들떠 있습니다. 그런데 상속인은 조건을 내세웁니다. 바로 '신사가 될 것'이었습니다. 처음에 핍은 빚을 내어 속물적인 신사 수업을 받습니다. 그러다가 우여곡절을 겪으며 더 중요한 것을 깨닫게 되죠. 진짜 신사가 된 그가 상속받은 '유산'은 엄청난 재산이 아니라, 바로 삶의 의미였습니다.

이 시대의 바람직한 상속의 법칙은 무엇일까요? 분명 땅이나 돈보다 사회적 경험이나 지식이 더 가치 있는 유산입니다. 빌 게이츠Bill Gates는 860억 달러의 재산을 가진 세계 최고의 부자죠. 하지만 자녀에게 각각 '고작' 1000만 달러만 물려주기로 했다고 합니다. 그는 "우리 아이들은 최고의 교육을 받을 것이고, 가난뱅이가 되지 않을 정도의 돈도 물려받을 겁니다. 그다음에는 각자 자신의 길을 찾아야 합니다."라고 했습니다.

가까운 시일 안에 보편적인 일부일처제가 바뀔 것 같지는 않습니다. 즉 아들이든 딸이든 공평하게 자원을 물려주되, 그것도 돈이 아니라 경험과 지식이라는 무형 자산의 형태로 상속하는 것이 바로 현명한 상속의 법칙입니다.

행복한 명절을 위해서

　명절마다 만나는 무심한 삼촌, 이모의 한마디에 아파하는 이 땅의 청춘들이 얼마나 많을까요? 청춘이라고 꼭 아파야 하는지는 의문입니다만, 일단 그 이야기는 접어 두겠습니다. 분명한 것은, 새해 첫날부터 '지나치게 따뜻한' 관심으로 조카의 '청춘'을 확인해줄 필요는 없다는 것입니다. 진학, 취업, 결혼 여부에 관한 관심은, 아무리 의도가 좋았어도 뒤따르는 결과가 부정적입니다. 영화나 드라마에서는 종종 눈치 없는 삼촌, 오지랖 넓은 이모라는 캐릭터가 등장하고는 합니다. 명절을 맞아 그동안 소홀했던 삼촌 노릇, 이모 역할을 몰아서 하려는 것일까요?

관심과 간섭 사이

설이나 추석과 같은 명절에는 오랜만에 한복을 입기도 하고, 특별한 음식을 먹기도 합니다. 평소에는 하지 않던 큰절도 하고, 조상에게 차례를 지내는 집안도 많습니다. 현대화된 일상에서 잠시 벗어나 전통적인 의례를 치르는 것은, 한 집안에 내려오는 무형의 일체감을 확인하는 중요한 기능을 수행합니다. 평소에는 연락조차 하지 않던 친척들이, 마치 늘 그랬던 양 서로 살갑게 이야기를 나누며 같이 먹고 마시는 축제의 시간입니다. 옛날 옷을 입고, 옛날 음식을 먹으며, 옛날처럼 정을 나눕니다.

분위기만 그런 것이 아니라 나누는 이야기도 옛날처럼 되고는 합니다. "그래, 과거 시험에 급제는 하였는가?" 혹은 "혼기를 놓치기 전에 시집을 가야 하지 않겠는가?"라는 식으로 이야기가 흘러버리고 말죠. 하지만 곧 명절 연휴는 끝나고 축제는 막을 내립니다. 조카에 관한 관심은 고사하고, 친자식과도 제대로 대화할 시간과 여유가 없는 현대인의 삶으로 돌아가는 것입니다. 축제가 끝나고 남기지 말아야 할 것은, 너무 많이 준비한 음식만이 아닙니다. 삼촌의 무심한 말 한마디에 입은 상처는, 아마 다음 명절 때까지 남을지도 모릅니다.

좋은 삼촌이나 이모, 고모 역할을 하고 싶다면, 일단 오랜만에 만나는 친척들의 중요한 상황 정도는 미리 알아보는 것이 바람직합니다. 소식을 전혀 모르겠으면 아예 묻지 않는 것도 좋겠습니다. 좋은 소식이라면 아마 먼저 말했겠죠. 물론 시험의 불합격 혹은 여전히 미혼인 상태를 잘 알면서도, 괜히 또 물어보는 악취미를 가진 분들도 적지 않습니다.

피해야 할 주제는 단 세 가지입니다. 진학, 취업, 결혼. 물론 나는 이 세 가지 외에는 조카에게 다른 궁금한 것이 전혀 없다는 분도 있을 것입니다. 화제가 빈약한 것을 탓할 수는 없으니, 그럴 때는 바로 윷놀이를 시작하는 것을 추천합니다. 유서 깊은 집안의 어른으로서, 조카의 진학과 취업, 결혼에 대한 중요한 조언과 충고를 오랫동안 준비했는데 너무 아쉽다는 분도 있을 것입니다. 그렇다면 설 연휴가 지나고 나서, 따로 만나 밥이라도 사주면서 조언해주시길 권유합니다. 칭찬은 다른 사람 앞에서 큰소리로 하고, 충고는 둘이 만나서 조용히 해주는 것입니다.

시댁 먼저 혹은 처가 먼저

명절에 어느 집에 먼저 가는지에 대한 신경전은 유효기간이 지난 과거 관습의 잔재인지도 모릅니다. 집안끼리 편을 나누어 서로 위세를 뽐내고 더 큰 영향력을 과시하고 싶은 것일까요? 처가에 먼저 가면 마치 데릴사위가 된 것 같은 기분이 들고, 시댁에 먼저 가면 마치 시집살이하는 며느리가 된 것 같은 기분이 드는 겁니다. 사실 부모님 댁에 찾아뵙는 날은 한 해에 고작 일주일 남짓한데 말입니다.

시댁에 먼저 가거나 혹은 처가에 먼저 가는 것은, 어떤 의미에서는 일가친척이 다 모이는 명절에 자기 집안의 위신이 상당히 깎이는 일일 수 있습니다. 개인과 개인의 자유로운 결합인 결혼 관계가, 갑자기 시대를 거슬러 올라가 집안과 집안의 결합으로 성격이 변하는 것입니다. 양가 부모님 댁 중 어디에 먼저 가느냐는 '실무적'인 문제가 집안 대 집안이라는 '의례적' 차원의 문제로 변하는 순간, 상대에게 '양보'한다는 것은 자신의 가문을 배신하는 일이 되는지도 모릅니다.

하지만 현대 사회에서 친족 집단의 의미는 과거보다 많이 약해졌습니다. 과거처럼 큰 집에 수십 명의 친척이 북적거리면서 함께 명절을 쇠는 집안은 이제 거의 없습니다. 집안에 대한 자존심을 내세워봐야 별로 얻을 것도 없고, 그 실체도 분명하지 않다는 것입니다. 예전과는 명절의 의미가 확연히 다릅니다.

명절증후군이라고 하면, 가사의 공평한 분담 이야기와 더불어 늘 빠지지 않는 이야기가 바로 "친정 혹은 처가에 먼저 가나요? 시댁에 먼저 가나요?"에 대한 이야기입니다. 그러나 명심하기 바랍니다. 결혼은 서로에게 이익이 되는 동반자 관계입니다. 누가 이기고 지는 관계가 아닙니다. 그러므로 배우자의 집에 하루 먼저 간다고 해서, 패배감이나 억울함을 느낀다면 이상한 일입니다. 러브스토리의 주인공처럼, 사랑하는 사람을 위해서 부모님의 기대(추석에 먼저 와주기를 희망하는)를 저버리는 정도의 낭만도 그리 나쁘지는 않겠습니다.

여자만 음식을 차려야 하는가

남편과 아내의 가정 내 성적 분업의 역사는 아주 깁니다. 원시 사회에서 남성은 주로 수렵과 방어를, 그리고 여성은 주로 채집과 육아를 담당했다는 오래된 주장이 있습니다. 따라서 설 명절 때, 아내가 부엌일을 도맡아 하는 것은 아주 자연스러운 일입니다. 대신 남편은 나가서 꿩을 사냥해오면 됩니다. (네. 당연히 진심이 아닙니다.)

많은 원시 부족의 성적 분업 수준은 아주 다양합니다. 상당수의 원시사회에서 남성이 여성보다 더 많은 시간을 집안일에 사용하는 것으로 조사되었습니다. 심지어 육아에도 남성이 거의 여성만큼 개입하는 부족도 있습니다. 인류학자 스콧 콜트레인 Scott Coltrane에 의하면, 아카족 남성은 아이를 씻기고 먹이고 달래는 모든 일을 잘 해내는데, 심지어 우는 아이에게 자신의 젖을 물리기까지 합니다(물론 젖은 안 나옵니다.). 현대 사회에서는 부부 간의 양육권 분쟁이 일어나면 엄마 쪽이 거의 승리하지만, 아카족의 경우라면 막상막하일지도 모르겠습니다.

여성은 집안일을 하고, 남성은 바깥일을 한다는 식의 전통은 산업사회가 시작되면서 본격화되었습니다. 산업화 사회 이전에는, 사실상 집안일과 바깥일의 구분이 불명확했습니다. 땔감을 구하고 장작을 패며 농사지어 수확한 곡식으로 밥을 지어 먹는 일련의 과정에서, 과연 바깥일과 집안일의 경계는 어디쯤 위치했을까요? 그러나 장작과 땔감이 석탄으로 대체되고, 직접 손으로 경작하거나 옷감을 짜던 일들이 기계화된 농업이나 방직업으로 옮겨지면서, 집안일은 여성의 몫으로 오롯이 남게 되었습니다. 남성 대부분은 탄광이나 공장에서 종일 일해야 했기 때문입니다. 물론 이외에도 유교적 전통이나 기독교적 가치관 등이 집안일은 여성의 몫이라는 인식이 굳어지는 데 큰 역할을 했습니다.

《원더박스The Wonderbox》의 작가 로먼 크르즈나릭Roman Krznaric은 "19세기 프랑스 농가에서 여자는 식탁에 앉은 남편의 시중만 들 뿐 (중략) 서서 식사를 하거나 벽난로 옆에서 무릎을 꿇고 앉아 허겁지겁 식사를 마쳤다."라고 합니다. 하지만 1950년 대 이후, 여성의 사회 참여가 늘어나고 양성평등에 대한 인식이 확산하면서, 이러한 역할 분담에 대한 문화적 태도도 상당히 바뀌고 있는 것 같습니다. 아직도 전체적으로는 여성이 집안일을 훨씬 더 많이 하지만, '모름지기 집안일은 여자가 해야지!'라는 수준의 인식은 차차 없어지는 것 같습니다. 아주 바람직한 변화입니다.

명절 때는 설음식 준비 등 해야 할 집안일이 아주 많아집니다. 하지만 명절의 복잡한 상황은 단지 일감이 많아졌기 때문만은 아닙니다. 첨예한 문화적·정치적 긴장이 주원인입니다. 우선 전통적인 성적 역할에 익숙하신 할아버지, 할머니가 바로 옆에 있습니다. 갓 쓰고 도포 입던 때가 불과 100년 전입니다. 게다가 동서 간에서 서로 지지 않겠다는 경쟁이 벌어집니다. '아내의 일을 돕고는 싶지만, 먼저 나서고 싶지는 않아'와 같은 일종의 치킨게임입니다. 게다가 시어머니와 시누이(같은 여성임에도 불구하고, 동지애를 찾기 어렵습니다.)가 가지는 정치적 무게까지 고려하면, 여성의 한숨은 깊어집니다.

　저는 집안일이나 명절 준비는 여성이 전담해야 한다는 식의 주장에 강력히 반대하는 입장입니다(물론 입장이 그렇다는 것이지, 그에 걸맞은 행동을 하고 있다는 뜻은 아닙니다.). 하지만 지난 80년간 할아버지께서 지켜오신 완고한 가부장적 세계가 무너지는 것을, 굳이 설날 아침 차례상 앞에서 목격하시도록 하는 것도 반대합니다. 이때야말로 남편의 슬기와 지혜가 필요합니다. 아내의 명절 준비가 도저히 피할 수 없는 숙명이라면, 남편은 평소의 집안일을 통해서 두 배, 세 배 보상해주겠다는 굳은 밀약을 해주는 것이 좋겠습니다. 영 내키지 않으신다고요? 그렇다면 그 대신에 떡국에 넣을 꿩이라도 사냥해오시면 되겠습니다.

내리사랑과 치사랑

설 연휴만 되면 어디론가 도망가고 싶다는 분이 있습니다. 원인은 다름이 아니라, 바로 부모님. 십수 년째 반복되는 부모님의 지루한 이야기를 들어야 한다는 생각을 하면 머리가 지끈거립니다. 부모님의 말씀이 틀린 것도 아니고, 나를 위한 말씀이라는 것도 잘 알고 있습니다. 하지만 아무리 좋은 말도 계속 들으면 질리는 법인데, 부모님의 덕담은 해가 갈수록 정도를 더해 갑니다.

모든 인간은 누군가에게 사랑받고 싶은 강력한 본능을 가지고 있습니다. 이러한 사랑은 부모-자식 간에서도 마찬가지입니다. 아기가 부모에게 느끼는 애착의 감정은 이후 경험하는 사랑이라는 감정의 기본이 됩니다. 이는 부모가 아기에게 느끼는 돌봄의 감정과 쌍을 이루면서 성숙해갑니다.

서구 유럽이나 한국, 일본과 같은 산업사회에서는 자녀에 대한 사랑과 양육이 거의 무조건적으로(경제적인 측면에서) 제공됩니다. 마빈 해리스Marvin Harris라는 인류학자는 선진 산업국가에서 자녀에게 드는 비용만 고려한다면, 이미 출산율이 0으로 떨어졌을 것이라고 주장했습니다. 하지만 제3세계의 상황은 조금 다릅니다. 실제로 인도네시아 자바의 12~14세 소년은 일주일에 평균 33시간을 일하며, 9~11세의 소녀는 평균 38시간을 일합니다. 방글라데시 농촌 지역의 남자아이는 15세가 되면 사실상 부모에게 받은 자원을 모두 갚게 된다고 합니다. 심지어 일부 제

3세계 국가에서는, 그 가치가 충분하지 않은 경우 영아 살해가 광범위하게 일어납니다. 이쯤 되면 "내리사랑은 있어도, 치사랑도 없다."는 말이 모든 사회에서 통하는 것은 아닌 것 같습니다.

물론 이런 현상에 대해서는 상당한 논란과 다양한 설명이 있습니다. 하지만 마빈 해리스는 아주 흥미로운 가설을 제시하고 있습니다. 유독 선진 산업사회에서 부모들이 돌려받지도 못할 투자를 자식에게 하고 있는 것은, 현대 사회에서 느끼는 고립감과 소외감 때문이라는 것입니다. 즉 자식으로부터 얻을 수 있는 사랑과 기쁨(물질적 보상이 아닌)을 기대하고, 아기의 무한한 요구에 응하고 있다는 주장입니다. 이를 증명할 방법은 없지만, 고개를 끄덕이시는 분이 적지 않을 것입니다.

부모님이 제공한 무모한 수준의 투자, 즉 사랑은 사실 바로 설날이나 추석과 같은 명절을 위해서 이루어진 것인지도 모릅니다. 막 퇴근한 당신에게 다섯 살짜리 아이가 헐레벌떡 달려와서 와락 안길 때의 사랑을 느껴본 적이 있으신가요? 책을 읽는 당신의 옆에 살금살금 다가와서 목을 꼭 포옹하는 아이의 따스한 촉감을 알고 있으신지요? 이미 자녀는 성인이 되어버렸지만, 아버지, 어머니는 예전에 와락 안기던 그 따스한 촉감과 고소한 살내음을 기억할 것입니다.

질곡의 현대사를 관통하며 무시무시하게 타산적인 세상을 겨우겨우 살아 내신 우리 부모님 세대가 자신의 모든 것을 투자한 비타산적 사랑의 대상이 바로 우리입니다. 따라서 얼마간의 용돈이나 선물세트를 들고 간다고 해도, 부모님 입장으로는 도무지 수지가 맞지 않습니다. 그러니 조금 지겹고 괴로운 말씀을 하시더라도 기쁘게 들어드리는 것이 좋겠습니다. 가능하다면 약간 어리광을 부리는 것도 괜찮습니다. 부모님이 젊은 부부였던 시절, 어린아이였던 여러분과 행복하게 놀던 기억을 눈앞에서 다시 떠올릴지도 모릅니다. 아기의 부드러운 촉감과 고소한 냄새를 다시 느끼실지도 모릅니다. 필요한 것을 받았으니, 필요하신 것으로 갚아야 합니다.

부모님 간병이 힘든 사람들

"연로하신 부모님을 모시고 있습니다. 부모님을 모시는 것이 당연한 일이라고 생각하지만, 몇 년 전 치매와 중풍이 시작된 이후부터는 너무 힘이 듭니다. 간병을 위해 아내는 직장을 그만두었고, 부족한 병원비와 생활비는 적금을 깨서 메꾸고 있지만 언제까지 버틸지 모르겠습니다. 갈수록 심해지는 치매 증상으로 집안은 늘 난장판입니다. 입시 준비를 하는 아이들에게, 조용히 공부할 환경을 만들어주지 못해서 미안할 뿐입니다."

간병 살인의 비극

약 10년 전의 일입니다. 일본 교토에서 치매를 앓던 86세의 어머니를 돌보던 가타기리 야스하루片桐康晴가 살인 혐의로 검거되는 일이 있었습니다. 그는 줄곧 미혼이었는데, 주로 경비원이나 단순 생산직 등의 일을 하면서 부모님을 모시고 생계를 꾸려나갔습니다. 1995년에 아버지가 사망한 후로는 홀어머니를 모시고 둘이 그럭저럭 살고 있었습니다. 그런데 문제가 생겼습니다. 어머니에게 치매가 찾아온 겁니다.

어머니의 치매가 점점 심해지면서 환시를 보고 집을 나가 배회하는 일이 잦아졌습니다. 집에서도 여우가 있다고 하면서 소동을 벌이곤 했습니다. 마치 갓난아기를 돌보는 것처럼 밤에는 15분마다 일어나서 어머니의 안전을 확인해야 했습니다. 도저히 간병과 일을 병행할 수 없었던 야스하루는 휴직 끝에 직장을 그만둡니다. 몇 달 뒤 실업 급여가 중단되자 하루하루 살아가기가 대단히 어려워졌다고 합니다. 세 번이나 구청에 찾아갔지만, 생활보호(한국의 기초생활수급에 해당)를 받을 수는 없었습니다. "젊은 남성이 왜 일하지 않느냐."는 구청 직원의 핀잔을 받았을 뿐입니다.

카드빚을 내어 당장 생활비를 메꾸었지만, 그것도 곧 한계에 다다랐습니다. 일단 어머니만 식사를 챙겨드리고, 자신은 이틀에 한 끼만 먹기로 합니다. 하지만 집세는 도무지 도리가 없었습니다(집세도 친척의 배려로 절반만 내고 있었습니다.). 잠시라면 친척이나 친구에게 돈을 조금 빌릴 수 있을지 모릅니다. 그러나 결국 갚을 수 없는 빚만 늘어나 주변에 폐만 된다는 생각을 하게 됩니다. 치매 어머니를 버릴 수도, 직장을 다닐 수도, 정부 지원을 받을 수도 없게 된 야스하루는 중요한 결심을 합니다. 어머니와 마지막 여행을 떠나기로 한 것입니다.

2006년 1월 31일, 그는 집을 깨끗이 청소합니다. 그리고 편의점에서 사온 빵과 주스를 어머니와 나누어 먹고, 마지막으로 남은 현금 7,000엔을 들고 어머니와 여행을 떠납니다. 어머니는 치매 중에도 '사람이 많은 곳'을 가고 싶다고 했기 때문에, 전철을 타고 이곳저곳을 다닙니다. 시내에서 어린 시절 부모님과 함께 외식하곤 했던 소바 가게 앞을 지납니다. 야스하루는 추억에 잠겼지만, 돈이 없어서 그마저도 그냥 지나치고 말았다고 합니다.

그는 끝으로 집 근처의 한 개울에서 어머니와 몇 시간을 그냥 앉아 있었습니다. 어머니에게 더 방법이 없다고 하자, 어머니는 "그러냐. 이제 안 되겠구나. 너와 함께. 함께란다. 이리 오렴. 너는 내 아이다. 내 아이야."라고 말했다고 합니다. 그는 어머니의 목을 졸라 살해하고, 자신도 목과 팔, 그리고 배를 칼로 긋고 목을 매고 맙니다. 그러나 어머니만 죽고, 본인의 자살은 실패합니다.

이 사건은 당시 일본 열도를 떠들썩하게 만들었습니다. 재판부는 "어머니가 결코 원한을 품지 않고, 피고가 행복하게 살아가기를 바라고 있을 것으로 추정한다."면서 징역 2년 6개월에 집행유예 3년을 선고합니다. 아주 파격적인 판결이었습니다만, 사실 야스하루가 겪은 사정이 일본 사회에서 얼마나 큰 공감을 받았는지 보여주었다고 할 수 있습니다. 그리고 아마 지금의 한국 사회도 마찬가지라고 생각합니다.

새로운 사회적 차별, 노인 혐오

이 사건을 계기로 노인복지나 사회적 부조 등에 대한 공동체의 각성이 일어납니다. 그리고 수많은 노인 요양 시설이 생겨났습니다. 무려 10배가 늘어서, 현재 일본에는 1만 개가 넘는 노인 요양 시설이 운영되고 있다고 합니다. 노인에 대한 복지를 더는 전통적인 효 사상에 기반을 둔 가족의 책임으로는 해결할 수 없다는 일종의 공감대가 형성된 것이라고 할 수 있습니다. 그러나 급격하게 늘어나는 노인 요양 시설과 이로 인해 발생하는 사회 전체의 부담은 또 다른, 그리고 어떤 의미에서는 더 끔찍한 문제를 낳고 있습니다. 야스하루의 슬픈 이야기는 이제 점점 더 큰 규모로 일어나고 있습니다.

2014년 일본 가나가와현의 노인홈 '에스아미유'에서 두 달 사이에 세 명의 노인이 추락사하는 일이 일어났습니다. 그러나 허약한 노인이 높은 난간을 뛰어넘었다는 것을 이상하게 여긴 경찰의 조사 결과, 이는 자살이 아니라 시설의 한 직원이 노인들을 일부러 떨어뜨린 사건이었습니다. 그 직원은 손이 많이 가는 노인들을 들어서 난간 밖으로 던졌다고 합니다. 2016년 7월에는 한 장애인 시설에서(노인만 있던 시설은 아닙니다만), 무려 40명이 흉기에 찔리는 사건이 있었습니다. 그 자리에서 19명이 사망했습니다. 범인은 '사회에 도움이 되지 않는 사람'들을 제거하려고 했다고 말했습니다. 모두 시설의 현 혹은 전 직원의 범행이었습니다.

요코하마의 한 노인 병동에서는 2016년 7월부터 48명의 노인이 사망했습니다. 그런데도 별다른 조사가 없었습니다. 그러다가 한 사망자의 가족이 강력하게 항의하여 가장 최근에 사망한 88세, 그리고 80세 노인에 대한 조사가 이루어졌습니다. 조사 결과 누군가 환자의 수액에 계면활성제를 넣은 것으로 밝혀졌고, 병동 내 다른 수액에도 구멍이 뚫린 흔적이 발견되었습니다. 이 사건도 역시 내부 직원의 소행으로 추정된다고 합니다.

베르나르 베르베르Bernard Werber의 단편 소설 〈황혼의 반란〉에는 고령화 사회에 접어든 프랑스의 이야기가 나옵니다. 노인의 수가 너무 늘어난 프랑스 정부는 70세 이상의 노인에게 의료 혜택을 제한하는 정책을 시행합니다. 80세가 넘어가면 치과 진료 중단, 85세는 위장 치료 중단, 90세 이상은 진통제 처방을 중단합니다. 노인들은 강제로 버스에 태워져 '평화와 요양, 안정 센터Le Center de Détente Paix et Douceur'(CDPD)라는 곳에 들어갑니다. 그리고 곧 약물이 주입되어 죽게 됩니다. 물론 소설입니다.

하지만 초고령사회로 접어든 일본에서 끊이지 않고 일어나는 노인 대상 연쇄 살인사건, 그리고 범인이 모두 해당 시설의 직원이라는 것을 보면 반드시 소설 속 이야기라고 할 수 있을지 모르겠습니다.

일본은 이미 노인이 3000만 명에 달합니다. 네 명 중 한 명이 노인입니다. 이미 집에서 부모를 돌보는 것은 현실적으로 불가능한 상황입니다. 우리나라는 아직 노인 인구의 비중이 13퍼센트에 불과합니다. 그러나 고령화 속도는 매우 빨라서, 2050년에는 일본에 이어 세계 2위가 될 것으로 예상됩니다. 그때가 되면, 과연 무슨 일이 벌어질지 상상하기도 어렵습니다.

진료실을 찾는 치매 환자가 점점 늘어가고 있습니다. 처음에는 깜짝 놀란 가족들이 병원을 찾아 열심히 치료에 임하고는 합니다. 그러나 노인성 질환이 대개 그러듯이 별다른 차도가 없고, 점점 병세는 깊어갑니다. 자식들은 하나둘 떨어져 나가고, 나중에는 환자의 배우자만이 동행하게 됩니다. 열 효자보다 한 배우자가 낫다 싶기도 합니다만, 보호자의 이야기를 들어보면 정말 안타깝습니다. 끝도 없이 계속되는 치매 환자와의 실랑이, 그리고 병원비나 간병으로 인한 빈곤은 노년의 삶을 지옥처럼 만들어버리곤 합니다. 보호자의 깊은 속내를 들어보면, "차라리 같이 죽었으면 좋겠다는 생각을 하루에도 몇 번이고 한다."는 경우가 많습니다.

그러나 의사로서 해줄 수 있는 것은 별로 없습니다. 일단 믿고 맡길 만한 노인 병원이나 요양원을 찾기 어렵습니다. 좋은 곳을 찾아도 증상이 심하면 잘 받아주지 않습니다. 시설이나 인력의 수준도 실망스러운 경우가 많아서, 며칠 맡겨보고는 가족들이 다시 집으로 모시고 가는 경우도 적지 않습니다. 자녀들이 여럿이어도 다들 먹고 살기 힘들다면서 간병을 꺼립니다. 노인장기요양보험이 있지만, 병원비나 간병비, 생활비는 여전히 부담스럽습니다. 정신과 의사로서 얼른 치매를 완치할 수 있는 약이 개발되면 좋겠다고 생각합니다. 그러나 설사 개발이 된다 해도 노인성 질환이 치매만 있는 것도 아니니 이것도 온전한 해결책이라고 하기는 어렵습니다.

일본의 사례에서 보듯이, 노인 부양 문제는 가정 내에서 해결할 수 없습니다. 제2, 제3의 야스하루를 낳을 뿐입니다. 일본은 살인이 드물기로 유명한 나라인데도, 2주에 한 번꼴로 간병 살인이 일어난다고 합니다. 게다가 부모의 간병을 위해서 결혼도 직장도 포기하는 독신자, 즉 간병 독신도 늘고 있습니다. 이들은 경제적 어려움과 고립, 외로움으로 종종 자살하는데, 이러한 간병 자살이 1년에 300건이 넘는다고 합니다.

요양 시설을 많이 만든다고 해서 문제가 해결되는 것은 아닙니다. 앞서 말한 노인 집단 살인은 극단적인 예이지만, 치료와 돌봄이 불충분하여 사망이 앞당겨지는 '소극적 살인'이 얼마나 되는지는 통계조차 없습니다. 노인 요양 시설의 숫자는 많아졌지만 제 역할을 하고 있다고 보기는 어렵습니다. 일이 고되고 보수는 박하니 우수한 간호, 간병 인력을 구하기도 어렵습니다. 정부 지원도 충분하지 않습니다. 그저 최소한의 인력, 최소한의 시설이면 충분하다는 식입니다. 물론 이런 최소한의 시설마저 부족합니다.

노인 돌봄에 대한 약속

사실 고령화 사회는 인류가 처음 경험하는 사건입니다. 이렇게 많은 노인이 세상에 있던 적은 한 번도 없었습니다. 그렇기에 해결책도 잘 보이지 않습니다. 아이들을 위한 사회적 투자와 관심은 쉽게 사람들을 설득시킬 수 있습니다. 그러나 노인에 대한 투자는, 결국 사회로 돌아오는 것이 적다고 여기기 때문에 공감을 잘 얻지 못합니다. 심지어 미국의 한 전직 대통령은, "자기 노후는 미리 스스로 챙겼어야 한다."는 취지의 발언을 한 적도 있습니다.

베르나르의 소설 〈황혼의 반란〉에서 노인들은 게릴라 조직을 결성합니다. 이른바 '흰여우들'은 CDCP에 갇힌 노인을 구출하기도 하고, 노인들이 사회에 쓸모 있는 사람들이라고 알리는 선전문도 뿌립니다. 노인들도 아기를 돌볼 수 있고, 다리미질과 요리도 할 수 있다는 식으로 말이죠. 그러나 정부는 노인들이 취약한 독감 바이러스를 살포했고, 결국 흰여우의 리더는 경찰에 잡힙니다. 그리고 자신에게 주사를 놓은 CDCP의 대원에게 흰여우 리더는 이렇게 말합니다.

"너도 언젠가는 늙은이가 될 게다."

노인도 여전히 사회에 유용한 일을 할 수 있다든가 혹은 노인을 위한 일자리를 만들자는 식의 이야기는 현재의 노인 문제를 해결할 수 없습니다. 그렇다면 일을 할 수 없는 병든 노인은 어떻게 할까요? 철저한 자기 관리로 죽기 직전까지 젊음을 유지하며, 우수한 업무 능력을 보여주는 것이 인생의 최종 목표가 될 수는 없습니다. 오히려 일자리를 둘러싼 노소 갈등만 격화시킬 수 있습니다. 자신의 노후는 미리 준비했어야 한다는 식도 곤란합니다. 어떻게 우리가 수십 년 후를 기약할 수 있겠습니까? 빈곤한 노년은, 젊은 시절 게을렀거나 어리석었기 때문에 당연하다는 식의 이야기는 옳지 않습니다.

세대 간의 약속이 필요합니다. 우리는 돌려받는 것이 없어도, 아기를 낳고 또 엄청난 시간과 공을 들여서 양육합니다. 그들이 나중에 크면 또 아기를 낳고 그렇게 열심히 키우리라는 것도 알고 있습니다. 아이를 낳고, 아이를 좋아하고, 아이를 키우는 유전자가 이미 우리 안에 있기 때문입니다. 그러나 고령화 사회는 인류에게는 초유의 상황입니다. 아마 노인을 정성껏 돌보고 간병하는 유전자는 없을지도 모릅니다. 하지만 노인을 돌보고, 또 나도 나중에 돌봄을 받을 것이라는 사회적 믿음, 세대 간의 약속으로 이를 대신할 수 있습니다. 더 이상 사회에 유용하지 않아도, 그리고 낫지 않는 치매를 앓고 있어도 기꺼이 돌봐 주었고, 또 나도 나중에 돌봄을 받을 수 있을 것이라는 믿음입니다. 결국 우리는 모두 '언젠가는 늙은이가 될' 것이기 때문입니다.

진료실에 있다 보면 부모님에 대한 오랜 간병에 지친 자녀들을 종종 만납니다. 대개 본인들도 이미 초로에 접어든 경우가 많습니다. 나을 가망이 없는 퇴행성 뇌질환을 앓는 부모를 한결같이 모시는 보호자에게는 정말 큰 상이라도 주고 싶은 심정입니다. 이렇게 이야기해 줄 때가 있습니다. "당신이 부모님을 모시는 모습을 보고 자란 당신의 자녀도 아마 나중에 늙은 당신을 똑같은 마음으로 모실 겁니다." 대부분은 자신의 자녀에게는 그 고생을 시키지 않겠다고 손사래를 칩니다. 하지만 모르긴 몰라도, 분명 훗날 자녀들에게 그런 따뜻한 돌봄을 받을 것입니다. 보고 배운 것이 어디 가겠습니까?

할머니, 할아버지의 날

O씨의 유년기는 복잡했습니다. 아버지는 결혼을 무려 네 번이나 했는데, 어머니는 아버지의 두 번째 아내였습니다. 사실 아버지는 유부남이라는 사실을 숨기고 어머니와 결혼한 것이었죠. O씨가 두 살 무렵 부모는 이혼합니다. 일곱 살이 될 무렵 어머니는 다른 남자와 재혼하지만 몇 년 만에 다시 별거하고 나중에 결국 이혼합니다. O씨는 외할머니에게 보내졌고, 이후 어른이 될 때까지 줄곧 할머니 품에서 자라게 됩니다.

할머니, 할아버지의 날은 언제인가

5월 8일은 어버이날입니다. '어머니날Mother's day'은 세계적인 국경일인데, 미국, 일본을 포함하여 아주 많은 나라에서 5월 초의 하루를 정해 기념하고 있죠. 영국처럼 3월 네 번째 일요일이나, 춘분 무렵에 어머니날이 있는 예도 있지만, 대개는 미국처럼 5월 두 번째 일요일에 몰려 있습니다. 어머니날의 기원이, 약 100여 년 전 앤 자비스Ann Jarvis라는 미국 여성을 기리는 데서 시작되었기 때문입니다.

재미있게도 대부분 나라는 아버지날Father's day을 따로 정하고 있습니다. 대개 6월 세 번째 일요일이 아버지날인데, 이날도 역시 미국에서 시작되었습니다. 하지만 우리나라에는 원래 어머니날밖에는 없었습니다. 1956년에 제정된 어머니날이 1973년 '어버이날'로 바꾸면서 '아버지'를 슬쩍 끼워 넣었죠. 아무튼 우리나라처럼 하루에 '몰아서' 어버이날로 기념하는 나라는 거의 없습니다. 미국에는 예외적으로 '부모의날Parent's day'이 있지만, 어머니날, 아버지날에 더해서, 부모의날이 또 있는 것이므로 상황이 다릅니다.

그러면 할머니나 할아버지의 날은 어떨까요? 미국, 영국, 프랑스, 독일, 오스트레일리아 등 많은 나라에서 '조부모의날 Grandparents' day'을 따로 정해 기념하고 있습니다. 1970년대 초반 마리안 맥퀘이드Marian McQuade는 어르신의 사회적 기여에 감사하고 아이들이 할머니, 할아버지를 찾아갈 기회를 만들어주자는 목적으로 조부모의 날 제정 캠페인을 벌입니다. 버지니아주

를 시작으로 많은 주에서 멕퀘이드의 청원을 받아들였고, 1978
년 지미 카터 대통령이 연방 정부 차원에서 노동절 다음 일요일
을 '조부모의날'로 선포하면서 공식화됩니다. 그리고 많은 주요
국가에서 잇달아 조부모의 날을 제정합니다.

안타깝게도 우리나라에는 할머니, 할아버지의 날이 없습니다.
경상북도에서 자체적으로 '할매할배의날'이라는 것을 만들었다
고 하지만, 얼마나 알려져 있는지는 모르겠습니다. 《표준대국어
사전》에 따르면, 어버이의 뜻은 '아버지와 어머니를 아울러 이르
는 말'이라고만 되어 있습니다. 할머니, 할아버지로서는 좀 서운
한 일입니다.

할머니 양육의 진화

할머니 양육은 인류의 오랜 진화적 유산입니다. 인류는 오래
전부터 소규모 촌락 생활을 해왔습니다. 최대 150명을 넘지 않
는 작은 마을에서 살았는데, 마을 사람은 거의 친인척이었죠. 한
마을에는 갓난아기의 수가 몇 명을 넘지 않았고, 이 몇 명의 아
기들은 어머니뿐 아니라 온 마을 사람이 공동으로 양육했습니
다. 물론 그중에서 가장 큰 도움을 준 사람은 바로 할머니(어머니
를 제외하면)입니다.

할머니의 양육 참여라는 인류학적 관습을 '지속 양육 가설'이

라고 합니다. 아기는 어머니 외에도 대행 부모, 특히 할머니의 공동 양육을 받을 때 더 무럭무럭 자랄 수 있도록 진화했습니다. 할머니가 같이 키운 아이들은 그렇지 않은 아이에 비해 영양 상태도 양호했고 생존율도 더 높았죠. 친할머니와 외할머니 모두 동일하게 아기의 생존 및 발달에 도움을 주었다는 연구 결과도 있습니다. 심지어 여성이 남성보다 더 오래 사는 이유가 바로 할머니 양육에 기인한다는 가설이 있습니다. 오래 사는 할머니가 손주에게 적응적 이득을 주었을 것이고, 이를 통해서 더 장수하는 여성의 유전자가 선택되었다는 것이죠. 논란이 분분한 가설이지만 상당히 설득력이 있습니다. 할머니의 돌봄은 인류의 오랜 전통이자 생존과 번영을 이끈 원동력이었는지도 모릅니다.

하지만 이는 어디까지나 공동 양육의 기반 내에서만 그렇습니다. 어머니, 할머니, 이모, 고모 그리고 터울이 뜨는 언니나 누나의 공동 양육이죠. 정확한 비율은 알 수 없지만, 진화적인 맥락에서 보면 아마 어머니, 외할머니, 친할머니, 기타 가족 순서로 양육에 참여했을 것입니다. 친족 집단, 즉 마을 전체가 같이 키우는 것입니다. 할머니의 전적인 단독 양육은, 전통 사회에서 거의 일어나기 어려운 일입니다.

인간이 노년기에 접어드는 진화적인 목적은 아직 확실하지 않습니다. 사실 60세 이후는 퇴행이 지속되는 비기능적인 기간이며, 단지 종결까지 좀 시간이 걸리기 때문에 노년기가 존재하는 것일 수 있죠. 하지만 노년기도 자연선택에 의해 선택된, 즉 적응적 이득을 위한 기간이라는 주장이 만만치 않습니다.

어떤 의미에서 여성은 필요 이상으로 오래 삽니다. 다른 포유류는 대개 마지막 출산 이후, 수명의 10퍼센트만 더 살고 사망하죠. 그러나 인간의 여성은 마지막 출산 이후에도 전체 수명의 약 3분의 1을 더 살아갑니다. 이러한 결과에 의아해하던 진화학자들은 할머니의 진화적 기능에 대해 추정하기 시작했습니다.

잠비아의 아이 2,000명을 대상으로 한 25년 동안의 종적 연구 결과, 할머니와 같이 사는 아이가 더 양호한 영양 상태와 높은 생존 확률을 보인다는 것이 나타났습니다. 게다가 할머니가 있으면 어머니의 출산 간격도 짧아졌죠. 할머니의 도움을 받을 수 있기 때문입니다. 물론 할머니 가설을 비판하는 주장도 있습니다. 어머니 효과Mothering Effect라는 가설에 따르면, 플라이스토세 여성은 충분히 오래 살지 못했고, 따라서 이른 폐경의 원인은 젊은 나이에 출산한 자녀에게 더 많은 투자를 하도록 선택된 것이라는 가설도 있습니다.

조손 가정의 아이들

미국은 1970년대 이후 치솟는 이혼율과 십대 임신, 약물 남용 등의 사회적 현상으로 조손 가정의 비율이 증가하게 됩니다. 다양한 이유가 있지만, 1970년 이후 미국 사회를 지배한 자유로운 결혼 풍속, 그리고 1980년대의 경기 침체가 중요한 원인이라고 지적됩니다. 이미 1970년대 초반 무려 3퍼센트의 가구가 조손 가정이었는데, 이러한 추세는 갈수록 심각해지죠. 현재는 7퍼센트 이상의 아이들이 조부모의 품에서 자란다고 합니다.

우리나라의 사정도 별반 다르지 않습니다. 1995년 엄밀한 의미의 조손 가정, 즉 부모 없이 할머니나 할아버지와 같이 사는 가정의 비율은 겨우 0.1퍼센트에 불과했습니다. 그러나 2014년 기준으로 조손 가정의 비율은 0.7퍼센트에 이릅니다(서울 기준). 게다가 부모와 같은 주소지에 등록되어 있으나 사실상 육아를 할머니나 할아버지가 전담하는 경우도 적지 않죠. 실질적인 조손 가정의 비율은 이보다 더 높을 것으로 보입니다.

그런데 상당수의 조손 가정은 다양한 현실적 어려움에 노출되어 있을 뿐 아니라, 건강한 양육에 실패하는 경우도 적지 않습니다. 앞서 말한 것처럼 할머니 양육 가설은 어디까지나 보조 양육자로 머무를 때 가능한 일입니다. 할머니의 단독 위탁 양육처럼, 할머니의 양육 참여 비중이 너무 높아지면 오히려 할머니와 손자 모두에게 해가 됩니다. 기분 좋은 마음으로 즐겁게 손자를 돌볼 수 있는 수준에 머물러야 합니다.

조손 가정의 가장 큰 어려움은 경제적 빈곤입니다. 절반 이상의 조손 가정이 경제적 취약 계층으로 분류됩니다. 만혼이 일반적이므로 조손의 연령 차이도 점점 늘어나고 있습니다. 아이에게 적절한 정서적, 신체적 자극을 제공하기에 역부족인 경우가 많습니다. 연로한 조부모가 생계를 이어야 할 뿐 아니라, 노인성 질환 등으로 본인의 건강 상태도 불량한 경우가 많죠. 그래서 미국에서는 아동부양강제법을 제정하여, 부모가 아이를 돌보는 조부모에게 경제적 지원을 하도록 의무화하고 있습니다. 하지만 우리 현실은 그렇게 녹록지 않습니다.

물론 할머니, 할아버지와 같이 사는 아이들을 편견의 눈으로 바라보아서는 곤란합니다. 다양한 어려움에도 불구하고 손주를 훌륭하게 키워내는 할머니, 그리고 할아버지가 정말 많습니다. 양육 참여의 수준은 천차만별이지만, 상당수의 조부모는 손주의 양육을 다양한 방식으로 보조합니다. 부모 은혜에 버금가는 수준입니다.

앞서 말한 O씨의 유년기는 누가 봐도 불행해 보였습니다. 하지만 사람들의 '편견'과는 달리, O씨는 조부모의 품에서 아주 건강하고 명랑하게 성장했습니다. 컬럼비아대학교와 하버드대학교 로스쿨을 졸업하고, 변호사가 되었죠. 그리고 주 상원의원을 거쳐서 연방 정부 상원의원에 당선됩니다. 그리고 제44대 미국 대통령이 되죠. 임기 첫해에는 노벨평화상도 받습니다.

O씨는 바로 버락 오바마Barack Obama입니다. 오바마는 외할머니인 매들린 던햄Madelyn Dunham과 외할아버지인 스탠리 던

햄Stanley Dunham과 함께 하와이의 외가에서 유년기와 청소년기 대부분을 보냈습니다. 어떤 의미에서 오바마에게 외할머니는 '어머니 이상'의 의미였습니다. 대선 며칠 전에 할머니가 쓰러졌다는 소식을 듣고, 무려 이틀 동안 유세를 중단하고 하와이에 병문안을 간 적도 있습니다. 할머니는 손자가 대통령에 당선되기 이틀 전에 세상을 떠납니다.

안타깝지만 앞으로 조손 가정은 점점 더 늘어날 것입니다. 가족 와해의 흐름을 막는 것은 대단히 어려워 보입니다. 차선책으로 조부모 양육에 대한 경제적 지원과 사회적 대책이 필요합니다. 또한 조손 가정의 아이들을 색안경을 끼고 바라보는 사회적 편견도 사라져야 합니다. 조부모 가정에서도 훌륭하게 성장할 수 있습니다. 버락 오바마는 조손 가정에서 자랐지만, 할머니의 따뜻한 사랑과 올바른 교육을 받아 건강하게 성장할 수 있었습니다. 적극적인 사회적 지원이 마련되면 좋겠습니다.

대충 어버이날에 함께 뭉뚱그리지 말고, 할머니, 할아버지의 날도 있었으면 좋겠습니다. 효 사상의 오랜 전통을 가진 우리가 어머니와 아버지의 은혜를 기념하는 날을 단 하루에 통합해버린 것은 좀 이상합니다. 게다가 할머니나 할아버지를 위한 날은 아예 있지도 않습니다. 일단은 어쩔 수 없으니, 당분간 매년 5월 8일은 할머니, 할아버지의 은혜를 생각하는 날이 되었으면 좋겠습니다.

4장

원시인들의 현대 사회

나만 못살게 구는 상사

　직장 생활을 좀 해본 분이라면 좋은 상사를 만나는 것이 얼마나 큰 복인지 잘 알 것입니다. 사실 좋은 상사를 만나는 것은 좋은 배우자를 만나는 것보다 훨씬 어려운 일입니다. 직장 상사가 배우자보다 더 중요한 이유는 다음과 같습니다. 첫째, 배우자는 내가 결정할 수 있지만 상사는 내가 고를 수 없습니다. 둘째, 배우자는 아침저녁에만 보지만 상사는 종일 봐야 합니다. 셋째, 부부 갈등에 대해서 동료들은 내 편이 되어주지만 상사와 갈등을 빚을 때는 주로 상사 편을 듭니다. 넷째, 이혼한다고 직장을 잃지는 않지만 상사와 헤어지려면 퇴사를 각오해야 합니다. 다섯째, 부부는 서로 평가하는 사이지만 상사는 일방적으로 나를 평가하는 자리에 있습니다. 여섯째, 재혼을 위해서 전 배우자의 추천이 필요하지는 않지만 이직할 때는 종종 이전 직장 상사의 추천이 필요합니다. 일곱째, 재혼한 배우자는 좋은 사람일 수 있지만 상사는 바뀌어도 대개 똑같습니다.

집단 생활과 인류

인류는 아주 오랜 세월 집단생활을 해왔습니다. 정확히 말하자면, 인류가 아직 '인류'가 되기 전부터 무리를 지어서 살아왔습니다. 조직 내의 위계질서라는 것은 포유류뿐 아니라 조류에서도 관찰됩니다. 그리고 집단의 크기와 상관없이 리더, 즉 알파 개체는 단 하나입니다. 나머지는 다들 커다란 피라미드의 아랫부분을 떠받치고 있는 추종자들입니다. 이러한 집단적인 위계성은 특히 인간을 포함한 영장류에서 두드러집니다.

수렵-채집 사회에서는 집단의 크기가 150명을 넘지 않았기 때문에 서열의 사다리를 오르다 보면 꼭대기에 다다를 약간의 가능성이 있었습니다. 부하로 살면서 느끼는 수모도 나중에 얻을 영광을 생각하면 참을 수 있었을지 모릅니다. 하지만 상황이 바뀌었습니다. 현대 사회에서는 피라미드의 꼭대기가 어디에 있는지도 확실하지 않습니다. 회사의 사장, 조직의 대표, 심지어는 한 국가의 대통령이 되어도 또 누군가에게는 고개를 조아려야만 합니다. 수백 수천 개의 네트워크로 이루어진 복잡한 그물 속에서 살아가는 현대인은 평생 누군가의 밑에서 지내야 하는 운명인지도 모릅니다. 그러니 언젠가 알파 개체가 되겠다는 꿈은 일찌감치 버리고, 서열 속에서 잘 적응하는 방법을 찾는 것이 더 현명한 일입니다.

사실 좋은 상사의 기준이라는 것은 무척 엄격하므로, 그 기준에 맞는 사람과 만나기는 몹시 어렵습니다. 좋은 상사는 어떤 사람일까요? 일단 부서의 업무에 정통하면서도 부하의 실수에 관대해야 합니다. 부하의 성공을 지지해줄 수 있는 정치력을 가졌으면서도, 정작 자신의 정치에는 관심이 없어야 합니다. 불가능해 보이는 과업을 성공으로 이끌면서도, 부하 직원의 칼퇴근은 보장해주어야 합니다. 자기 일은 철저하게 공사를 구분하면서도, 부하의 일은 친가족처럼 챙겨 주어야 합니다. 네, 이런 사람은 세상에 없습니다.

위계질서는 도대체 왜 생기는 것일까요? 이는 리더가 존재하는 집단이 그렇지 않은 집단보다 훨씬 유리하기 때문입니다. 상상 실험을 해보겠습니다. 예를 들어 당신과 당신의 친구, 이렇게 두 명으로 이루어진 집단이 있다고 생각을 해봅시다. 처음에는 완전히 평등합니다. 그런데 당신은 왼쪽으로 가고 싶은데, 친구는 오른쪽으로 가고 싶다고 해봅시다. 사실 오른쪽이 유리한지 혹은 왼쪽이 유리한지는 아무도 모릅니다. 그런데 당신의 친구는 설사 혼자 가는 한이 있더라도 오른쪽으로 갈 성격입니다. 척박한 환경에서는 혼자 지내는 것보다는 둘이 같이 지내는 것이 훨씬 유리하기 때문에, 하는 수 없이 당신은 친구의 의견을 따르기로 결정합니다. 위계가 생긴 것입니다. 집단이 점점 커져도 상황은 비슷합니다. 모두가 오른쪽으로 갈 때, 당신만 왼쪽으로 가면 아주 불리해집니다. 이렇듯이 우리의 유전자에는 대다수가 따르는 리더를 따르고자 하는 원시적 본능이 잠재하고 있습니다.

문제는 집단이 커지면 그 안에 서열pecking order이 생기고, 서열에 따라서 자원에 대한 접근권의 차이가 생긴다는 것입니다. 'Pecking order'라는 말은 직역하면, '쪼는 순서'입니다. 생물학자 토를레이프 셸데루프에베Thorleif Schjelderup-Ebbe는 열 살 때부터 17년간 집에서 키우는 닭을 관찰했는데, 이러한 관찰 결과를 토대로 암탉이 모이를 쪼는 순서에 대한 박사학위 논문을 썼습니다. 그의 연구에 따르면, 일군의 암탉 무리에서는 모이를 먼저 쪼는 개체부터 가장 나중에 쪼는 개체까지 순서가 정확하게 정해집니다. 따라서 서열의 높은 곳에 위치할수록 더 좋은 모이를 먹을 수 있게 됩니다. 인간 사회에서 서열의 높은 곳에 오르고자 아귀다툼이 끊이지 않는 이유입니다.

리더가 되는 문제는 일단 접어두고, 평생 누군가의 추종자로 살 수밖에 없는 거대 조직의 구성원으로서 어떻게 하는 것이 가장 바람직할까요? 일단 리더의 속성을, 더 나아가 일반적인 상사의 속성을 냉정하게 받아들여야 합니다. 델로이 파울러스Delroy L. Paulhus와 케빈 윌리엄Kevin M. Williams의 연구에 따르면, 피라미드의 최상층에서 자주 발견되는 속성이 아래에 설명할 '3대 악'이라고 합니다. 첫째 나르시시즘, 둘째 마키아벨리즘, 셋째 사이코패스 경향입니다. 권력은 개인에게 이득을 가져오고, 집단이 커질수록 권력은 남용될 수 있기 때문에, 소위 '나쁜 놈'이 높은 자리를 차지하게 됩니다.

나르시시즘은 자기애로 번역하기도 하는데, 쉽게 말해서 '자뻑'에 빠진 상사의 특성입니다. 근시안적이지만 화려한 결과를 보장하는 과업에 몰두하고 이를 위해서 매진합니다. 다른 사람이나 부하는 성공과 명예를 위한 수단에 불과합니다. 부하를 대량 해고하고도 눈 하나 깜짝하지 않습니다. 대개는 추구하는 목표의 장기적인 결과도 좋지 않습니다. 둘째, 마키아벨리적 상사는 권모술수에 강한 수완가입니다. 나르시시즘보다는 좀 낫다고 할 수 있지만, 역시 현실적인 목적을 위해서 수단을 가리지 않습니다. 성공은 할지 모르지만, 사람이 숨 쉴 자리는 없습니다. 셋째, 사이코패스는 사실 미친 독재자입니다. 이들이 어떻게 리더의 자리에 오르는지, 그리고 대다수가 어떻게 이를 용인하는지는 의문입니다. 하지만 현실 세계에서 사이코패스적 리더가 기업이나 조직 혹은 국가의 지도자가 되는 일을 심심치 않게 볼 수 있습니다.

오랜 진화적 역사를 통해서 이러한 특성을 가진 사람들이 피라미드의 상층부를 차지하도록 사회는 변화해왔습니다. 그리고 대다수 추종자는 마음에 들지 않아도, 이들에게 묵묵히 복종합니다(맹수가 득실거리는 사바나의 초원에서 혼자 지내는 것보다는 더러운 조직의 울타리 안에 있는 것이 더 낫기 때문이죠). 하지만 이제는 상황이 상당히 바뀌었다고 할 수 있습니다. 사실 최근에는 이러한 진화인류학적 지식에 바탕을 두고, 많은 기업에서 새로운 방향의 민주적 리더십을 구축하려고 노력하고 있습니다. 비록 우리의 유전자는 과거의 환경에 적응되어 있기 때문에, 하루아침에 조직문화가 바뀌길 기대하는 것은 조금 어렵지만 말입니다.

상사 다스리기

진화학에는 이른바 불합치 가설mismatch theory이라는 것이 있습니다. 우리의 몸과 마음이 환경 변화를 따라잡지 못하고 있다는 것입니다. 심장혈관이 막히기 직전까지 기름진 고기를 탐내는 식성은 바로 원시 시대 우리 조상의 유산이라는 거죠. 아마도 지나치게 서열을 강조하는 우리 문화는 이러한 유전자-문화 불합치에 따른 결과물인지도 모릅니다. 위계질서가 현대 사회에서도 효과적으로 작동하는지는 모르겠지만 더 민주적이고 다양화된 문화를 가진 집단이나 기업이 승승장구하는 것을 보면, 아마도 위계질서에 철저하게 기반을 둔 조직은 현대 사회와 '불합치'

하는 것 같습니다.

그렇다면 당장 악랄한 상사 밑에서 고생하는 이 땅의 수많은 '부하 직원'들은 어떻게 해야 할까요? 상사의 '갈굼'이 진화적 산물이라는 것을 이해한다고 해서 괴로움이 사라지는 것은 아니니까요. 일단 당신과 직장의 관계를 분명하게 해야 합니다. 당신이 직장에서 인생의 진정한 지혜를 찾고 싶다면, 그런 이상은 접는 것이 좋겠습니다. 직장은 일단 돈을 버는 곳이지, 교회나 법당이 아닙니다. 운이 좋다면 직장 상사 중에서 진정한 스승을 만날 수 있겠지만, 아주 예외적인 경우입니다. 그렇다고 상사의 '갈굼'을 부하 직원의 숙명처럼 기쁘게 받아들이는 것도 이상합니다. 앞서 말한 세 가지 형태의 '나쁜 상사'는 대개 다른 사람의 삶에 무관심하므로, 참고 견딘다고 해도 그 보상은 보잘것없습니다.

미흡하지만 한 가지 조언을 드린다면, 악독한 상사로부터도 배운다는 느낌으로 지내라는 것입니다. 아마도 당신은 서열의 사다리를 오르고 싶은 마음이 있을 것입니다. 피라미드의 꼭대기까지는 아니더라도, 어느 정도는 높은 곳에 올라가서 아래를 내려다보고 싶을 것입니다. 그러면서 어느 정도 일의 보람도 맛보고 싶고, 다른 동료나 혹은 미래의 부하 직원에게 좋은 평가도 받고 싶겠죠. 그렇다면 상사의 어떤 점이 바람직한지, 어떤 점이 바람직하지 않은지 근거리에서 관찰하고 배울 좋은 기회라고 여기는 것이 좋습니다. 조직문화는 잘 바뀌지 않습니다만 머지않아 당신의 조직 내 위치는 바뀔 수도 있습니다.

상사와의 갈등을 통해서 인생을 배운다는 고상한 해결책 말고, 더 직접적인 해결책이 있을까요? 마르크 판 퓌흐트Mark van Vugt와 안자나 아후야Anjana Ahuja는 탐욕스러운 리더를 통제하는 인류의 다섯 가지 주요 전략을 제시한 바 있습니다. 물론 이러한 전략을 여러분의 직장에서 실행할 수 있을 것 같지는 않습니다만.

험담과 소문: 비열한 행동이나 성생활에 대한 안 좋은 소문은 그들의 집단 내 위치에 타격을 줄 수 있습니다.

공론: 오늘날의 의회나 주주총회와 같은 공론의 장에서, 특정 인물에 대해 비판을 할 수 있습니다.

풍자: 비판이 적절하게 섞인 세련된 유머로 상황에 대한 통제력을 가질 수 있습니다.

불복종: 지시를 의도적으로 무시하거나, 집단적으로 보이콧하는 것입니다.

암살: 말 그대로 암살하는 것입니다.

텃세의 심리학

간호사 사회의 태움 문화가 화제입니다. 신입 간호사에 대한 '군기 잡기' 문화입니다. 사실 이런 폐습에 문화라는 이름을 붙이는 것이 적절한지 모르겠습니다만. 아무튼 신체적·정신적 방법으로 신참을 괴롭히는 악습은 간호사 사회에만 있는 것이 아닙니다. 의사 사회는 물론이고, 군대나 학교, 일반 직장에서도 공공연하게 일어나고 있습니다.

텃세의 진화

조선 시대에 과거에 급제한 자를 신래新來라고 했습니다. 흔히 신규 간호사를 신졸이라는 은어로 부르는데, 비슷한 것입니다.

인턴 과정의 의사나 OJT 수습을 받는 신입사원과도 유사합니다. 과거에 급제한 것은 영광스러운 일이지만, 신래는 바로 일을 할 수 없었습니다. 선배들의 학대를 감수해야 했고, 그 과정에서 연회를 열어 선배를 즐겁게 해주어야 했습니다.

이규태의 《한국인의 의식구조》에는 이러한 악습이 잘 기술되어 있습니다. 선배가 웃으라 하면 웃고, 화를 내라 하면 화를 내고, 개가 교미하는 흉내를 내라면 그렇게 해야 했습니다. 이런 수모를 준 이후에는 직접적인 신체적 학대가 시작됩니다. 다들 둘러서서 발길질을 가하고 형틀을 만들어 괴롭혔습니다. 발바닥을 때리다가 심지어는 못으로 말굽을 달기도 했습니다. 단종 때 승문원에 부임한 신임 급제자 정충화는 이런 신래침학新來侵虐의 풍습을 따르다가 그 자리에서 죽기까지 했습니다.

율곡栗谷 이이李珥는 이러한 폐습에 반대하여 신래침학을 받지 않겠다고 했는데, 결국 이 때문에 직을 그만두었다고 합니다. 놀랍게도 퇴계退溪 이황李滉은 이 소식을 듣고는 "신래침학이 무리인 시속이기는 하나, 이미 그걸 알고서 과거를 보지 않았느냐?"고 했다네요.

집단을 이루고 사는 동물은 집단 내부의 질서를 만듭니다. 생태학적 자원은 제한되어 있으니, 이를 배분하는 원칙이 생기는 것이죠. 서열을 만들기도 하고 집단의 우두머리를 내세우기도 합니다. 각각의 역할을 나누기도 하죠. 텃세, 즉 세력권 만들기도 이러한 생물학적 상호 작용 중 하나입니다.

텃세는 포유류만이 아니라 조류나 어류에서도 관찰되는 보편적 현상입니다. 주로 한 지역에서 오래 머물러 지내는 종에서 텃세가 심하게 나타납니다. 자신의 영역에 들어오는 것을 막고, 새로운 침입자를 쪼거나 밀어내어 고통을 줍니다. 약육강식의 세계에서는 이런 방법이 꽤 효과가 있습니다. 제한된 생태학적 자원을 독점할 수 있죠. 아마 많아야 수십 명으로 이루어진 친족 집단을 이루며 척박한 환경에서 살아야 했던 우리 조상에게는 분명 효과적인 전략이었을 것입니다. 누군지도 모르는 새 구성원을 받아들일 이유가 없죠.

그러나 거대한 집단을 이루고 사는 현대 사회에서는 텃세라는 전략이 그다지 효과적이지 않습니다. 생태학적 영역이 고정되지 않은 데다 배타성보다는 협력을 통해서 얻는 것이 훨씬 많기 때문이죠. 텃세는 주로 작은 집단, 그리고 협력이 필요하지 않은 집단에서 일어납니다. 주된 표적은 가장 약한 대상, 즉 새로 들어온 대상입니다. 닭장 같은 환경입니다.

인간 사회의 텃세는 결국 "그런 곳이라면 절대 가지 않겠다."라는 반응을 유발합니다. 세상은 넓고 갈 곳은 많거든요. 구습에 젖은 집단에는 새로운 구성원 유입이 중단됩니다. 신래자新來者는 자원을 빼앗아가는 라이벌이 아니라, 집단 전체에 이득을 주는 소중한 자원임에도 근시안적인 태도가 이런 일을 만드는 것입니다. "어느 회사, 어느 병원, 어느 부서는 텃세가 심하다더라." 같은 소문은 금새 퍼집니다. 작은 집단은 큰 집단의 부분일 뿐이죠. 결국 텃세를 부리는 작은 집단은 더 큰 수준에서 배척당하게 됩니다. 베푼 대로 당하는 것이죠.

텃세는 신입 구성원에 대한 신고식에 그치지 않습니다. 고의적인 트집과 과도한 압력, 부당한 업무 지시와 집단적인 따돌림을 통해서 혼이 빠지도록 괴롭히는 것은 어렵지 않습니다. 아는 사람도 별로 없고 업무도 미숙한 이에게 집단 전체가 곤욕을 주는 것이죠. 게다가 '나도 전에 당했는데'하는 억울함이 결합하면, 정말 잔인한 수준으로 심해집니다.

이런 텃세의 방향은 직책의 높고 낮음을 가리지 않습니다. 성종 때 당상관을 지낸 변종인은 자신보다 급이 낮은 하사관에게 심한 신래침학을 당한 일이 있습니다. 성종이 이를 질책하고자 하급자를 불러 문책했는데, 그는 이렇게 대답했다고 합니다.

"변종인이 참판을 지낸 당상관이지만, 고풍古風보다야 더 높을 리가 있겠습니까?"

— 이규태, 《한국인의 의식구조》

텃세에 대한 강력한 전통은 당상관이라는 지위도 무시했고, 심지어 임금의 질책에도 공고했습니다. 군대에서 종종 일어나는 소대장 길들이기 혹은 새로 부임한 부서장에 대한 부서원의 은밀한 따돌림도 마찬가지입니다. 아무리 높은 지위와 풍부한 경험을 가진 연륜 있는 사람도 일단 터줏대감의 눈치를 슬금슬금 보아야 합니다. 한번 눈에 거슬리면 어떤 지시도 제대로 먹히지 않습니다. 진취적인 리더가 무엇인가를 개혁해보려다 이런저런 집단적 태업과 터무니없는 투서에 당하고, 결국 교묘한 훼방과 망신을 겪고 난 끝에 굴복하는 일이 적지 않습니다.

진정한 라이벌은 외부에서

사실 신입 구성원에 대한 태움과 갈굼의 전통은 기존 구성원에게는 아주 유리합니다. 유리한 지위를 누리면서 부여받지 않은 권력을 만끽하는 것입니다. 설령 상급자가 바뀌어도, 똘똘 뭉쳐서 기득권을 지켜내려 합니다. 이런 구습이 못마땅한 사람도 드러내고 반대하기는 쉽지 않습니다. 자칫하면 자신이 표적이 되고 맙니다.

하지만 과거처럼 한 곳에서 농사만 지으며 대대로 살아가는 환경이라면 모를까 하루가 다르게 변하는 세상에서 이런 텃세의 문화는 절대 오랫동안 유지될 수 없습니다. 뜻있고 능력 있는 사람이 그런 집단에 들어가 수모를 견뎌낼 이유가 없습니다.

"처음 과거에 급제한 선비들은 사과四科, 즉 성균관, 예문관, 승문원, 교서관에서 신래로 지목하여 곤욕을 주고 괴롭히는데, 그 하지 않는 짓이 없을 정도입니다. 대개 호걸의 선비는 과거 시험 자체를 그리 대단히 여기지 않는데, 하물며 갓을 부수고 옷을 찢기며 흙탕물에 굴러 체통을 잃고 염치를 버린 후에야 벼슬에 오르게 된다면, 그 어떤 호걸의 선비가 세상에 쓰이기를 원하겠습니까?"

– 율곡 이이가 선조 2년, 임금에게 아룀.

그렇게 텃세를 부리고 신참자를 괴롭히는 재미에 정신을 못 차리던 조선의 벼슬아치들은 더 큰 외부의 적, 즉 왜의 침략을 받습니다. 율곡 이이가 신래침학의 악습을 없애달라고 선조에게 청한 지 불과 23년 후에 일어난 일입니다. 신참자를 못살게 구는 데는 재주가 출중하던 이들은, 정작 왜군의 공격에는 속수무책이었습니다. 조선 팔도는 처참하게 도륙당합니다.

내부에서 에너지를 고갈시키는 집단은 외부의 적에 취약성을 보이게 됩니다. 갈굼과 태움으로 유지되는 집단에 진정한 결속력이 있을 리 없습니다. 조직이 무너지면 "에이. 이렇게 될 줄 알았지. 꼴 좋다."며 콧노래를 부를 내부 직원이 더 많을지도 모릅니다. 집단의 에너지는 외부를 향해야 합니다. 진취적인 확장의 가치, 그리고 능력 위주의 포용적 문화가 없는 곳이라면, 굳이 텃세를 견디며 버텨봐야 얻을 것이 별로 없습니다. 끝이 좋지 않습니다.

율곡 이이는 한때 출가하여 승려의 길을 걸었을 정도로 출세 자체에 초연한 인물이었습니다. 그런 율곡의 눈에 능력 있는 선비들이 폐습에 막혀 벼슬길을 고사하는 상황이 얼마나 안타까웠을까요? 그가 개탄하던 당시 조선의 상황과 500년이 지난 지금 한국의 상황이 얼마나 달라졌는지 의문입니다. 슬픈 일입니다.

'좋아요'를 갈구하는 사람들

세상에는 외향적인 사람도 있고 내향적인 사람도 있습니다. 흔히 내향적인 사람은 타인의 주목을 꺼린다고 생각합니다. 혼자 지내는 것을 좋아한다는 것이죠. 하지만 대개 그렇지 않습니다. 추구하는 관심의 종류가 다를 뿐입니다. 타고난 외향성/내향성과 상관없이, 다른 이의 관심을 받고 싶은 마음은 매한가지입니다. 일부 예외도 있습니다만. 우리는 왜 타인의 관심을 갈구하는 것일까요? '관심병'의 심리학에 대해 알아보겠습니다.

관심병의 진화

관심을 갈망하는 사람이 있습니다. 무대의 중심에 있기를 원합니다. 어린 시절부터 사람들 앞에 나서기를 좋아했죠. 방송이나 신문에 등장하는 것이 꿈이었습니다. 눈에 확 띄는 매력과 강력한 호소력, 그리고 높은 친화력을 가지고 있습니다. 이런 능력의 절반은 타고난 것이고, 절반은 스스로 터득한 것입니다. 늘 관심을 추구하다 보니 점점 그런 쪽으로 발달한 것이죠.

이들은 세상을 밝게 만들어주는 긍정적인 역할을 합니다. 좌중의 관심을 모으며, 모두를 유쾌하게 해줍니다. 무리에 처음 들어온 사람도 마치 오래전부터 알던 사람처럼 살갑게 대해주는 것도 바로 이들입니다. 관심을 갈망하는 사람은 반대로 타인에게도 큰 관심을 보입니다. 이들이 없다면 세상은 훨씬 칙칙해질 것입니다.

하지만 이들의 내적 세계가 늘 밝은 것은 아닙니다. 타인의 관심 여부에 따라 하루의 기분이 좌우됩니다. 페이스북의 엄지손가락이나 인스타그램의 하트 숫자는, 기분 상태와 직결됩니다. 숫자가 많으면 괜히 기분이 좋아지고, 그렇지 않으면 마치 나락에 떨어지는 듯 느낍니다.

스트레스를 받거나 우울한 기분이 들면 무리수를 둡니다. 과도한 성적 어필이나 야한 옷차림도 합니다. 심지어는 그럴듯한 과시적 거짓말도 하죠. 혹은 질병이나 불행을 과장하여 동정심을 자아내기도 합니다.

도대체 왜 이렇게까지 하는 것일까요? 이들도 이것이 싸구려

일회성 관심이라는 것을 알고 있습니다. 하지만 달리 방법이 없습니다. 관심을 받지 않으면, 마치 죽을 듯이 불행한 느낌이 들기 때문입니다. 마치 아무리 먹어도 배부름을 느끼지 못하는 사람과 같습니다. 허기를 채우기 위해서 값싼 음식이라도 게걸스럽게 먹는 것입니다. 이들에게 중요한 것은 질보다 양입니다.

타인의 관심을 별로 구하지 않는 이들이 있습니다. 이들은 그리 많은 사람을 만나지도 않고, 모임을 가도 주변에 머무를 뿐입니다. 낯선 이에게 먼저 말을 거는 경우는 드뭅니다. 그렇다고 외톨이도 아닙니다. 다른 이와 함께 웃고 떠들고, 할 건 다 합니다. 주는 관심을 마다하는 것도 아닙니다. 하지만 딱 거기까지입니다.

이들은 세상을 보다 진지하게 만들어주는 역할을 합니다. 불특정 다수의 광범위한 관심보다는 소수의 사람과 친밀한 관심을 더 원합니다. 이들이 즐기는 것은 페이스북이나 인스타그램이 아니라, 일대일 메신저죠. 더 깊은 관심을 주고받기를 원합니다. 한 시간이고 두 시간이고 깊은 대화를 나누기를 원합니다.

하지만 이들의 내적 세계가 늘 진지하고 깊은 관계로 가득한 것은 아닙니다. 깊은 관계를 위해서는 에너지가 많이 듭니다. 많은 사람의 깊은 관심을 받는 것은 불가능합니다. 주어진 시간과 에너지는 한정되어 있으니까요. 소수의 사람과 깊은 관계를 맺게 되는데, 따라서 그들이 보이는 반응이 행복감과 직결됩니다.

점점 소수의 사람에 의존적인 삶을 살게 됩니다.

처음에는 좋아하는 대상의 뒤를 졸졸 따라다니기만 합니다. 그러다 작은 의사 결정이나 삶의 방향마저 의지하게 됩니다. 이러한 태도는 주변 사람을 점점 질리게 합니다. 그러다 관계가 깨지면, 이들은 더욱 움츠러듭니다. 더 안전하고 믿을 만한 대상을 찾아다니지만, 막상 기회가 주어져도 상처받을 것이 두려워 쉽게 가까워지지 못합니다. 운 좋게 맺은 관계에 완전히 의존해버리거나 관계를 갈망하면서도 불안으로 인해 늘 도망치는 삶을 살게 됩니다. 이들에게 중요한 것은 양보다 질입니다.

침팬지와 각자의 길을 가기로 한 후 인류는 독특한 진화적 여정을 겪어왔습니다. 인간도 일반적인 영장류 사회처럼 위계질서가 있는 집단을 이루고 삽니다. 침팬지 사회는 몇몇 알파 수컷이 큰 권력을 가집니다. 영향력이 큰 암컷도 상당한 지배력을 가집니다. 고릴라 사회도 마찬가지죠. 실버백이라는 주도적 수컷이 자원을 독점합니다.

하지만 인간 사회는 침팬지나 고릴라 사회와 상당히 다릅니다. 일단 남녀의 체구도 비슷하며, 집단 내 서열도 상당히 미약합니다. 일부일처제로 인해 일어난 현상인데, 아마도 구석기인들은 상당한 수준의 평등 사회를 이루었을 것으로 추정하고 있습니다. 권력과 부, 자손 수 등이 집단 전체에 비교적 균등하게 배분되었을 것으로 보입니다.

수렵-채집 사회도 서열이 분명하지 않습니다. 왕부터 노예까지 층층다리가 놓인 사회와는 큰 차이가 있습니다. 물론 연장자가 중요 의례를 주관하고 중요한 의사 결정도 내립니다만, 권력자라고 하긴 곤란합니다. 같이 사냥을 하고, 같이 나누어 먹습니다. 혼인은 정해진 규칙에 따라 이루어지며, 개인의 의사도 중요하게 작용합니다. 권력을 가진 남성이 무리의 여성을 독점하는 일은 흔하지 않습니다. 물론 이러한 주장에는 이견도 있습니다만 우리 선조들은 신석기 이전까지는 훨씬 평등한 사회에 살았을 것으로 보입니다.

그런데 이런 '평등'한 환경은, 역설적으로 사회적 관심의 중요성을 높여주었습니다.

사회적 관심의 중요성

진화학자 폴 길버트Paul Gilbert에 의하면, 인간 사회의 주된 힘은 자원 확보 능력resource holding power이 아니라 사회적 관심 확보 능력social attention holding power입니다. 즉 사회적 관심을 많이 받는 사람이 직접적인 번식상의 이득을 얻었을 것이라는 주장입니다. 집단 내 권력의 차등이 일어나기 어려우니 사회적 관심의 차등성이 가지는 힘이 더 부각됩니다. 지난 수백만 년 동안 우리의 마음은 이러한 사회적 관심 확보에 맞도록 빚어져 왔다는 것이죠.

사회적 관심이라는 독특한 자원을 얻는 전략은 두 가지가 있습니다. 양적 전략과 질적 전략입니다. 얕은 수준의 관심을 다수에게 받는 것이죠. 특정한 환경에서는 양적 전략이 더 유리합니다. 하지만 어떤 환경에서는 질적 전략이 더 유리해집니다. 깊은 수준의 관심을 소수에게 받는 것입니다. 만약 이 두 형질이 부적 빈도의존성 선택Negative Frequency-Dependent Selection에 따른 진화를 한다면, 점점 두 전략을 가진 개체의 특징이 선명해집니다. 부적 빈도의존성 선택에 대한 설명은 너무 어려우므로 넘어가겠습니다.

아무튼 이 주장이 옳다면, 사회적 관심 확보 능력에 대한 두 가지 표현형이 인구 집단에 고정될 수 있습니다. 쉽게 말해서 두 가지 전략을 균등하게 쓰는 사람이 적어지고, 극단의 전략으로 나뉜다는 것입니다. 많은 사람의 관심을 추구하는 과시적 전략, 즉 양적 전략을 쓰는 사람과, 소수의 깊은 관심을 추구하는 회피성 전략, 즉 질적 전략을 쓰는 사람으로 양분되는 것이죠.

인간 정신의 가장 중요한 특징 중 하나는 바로 사회적 관심의 추구입니다. 인간은 그렇게 진화했습니다. 인간의 복잡한 사회 구조나 언어, 몸짓, 공감 능력 등의 진화는 바로 사회적 관심의 전달과 분배와 깊은 관련이 있습니다. 문명사회에서도 마찬가지입니다. 중요한 사회적 결정은 바로 '사회적 관심'을 부르는 다른 말, 즉 여론이나 민심에 좌우됩니다. 심지어 대통령도 '사회적 선호도', 즉 투표로 결정됩니다.

인간이 '관심종자'가 될 수밖에 없는 이유는 그것이 그만큼 중요하기 때문입니다. 우리 선조는 오랜 세월 동안 타인의 관심을 끌고, 또 관심을 주는 방식으로 적응해왔습니다. 관심을 추구하는 것도, 관심을 받지 못할까 전전긍긍하는 것도 여러분의 잘못이 아닙니다. 밥을 먹지 못하면 배가 고픈 것과 같은 이치입니다. 먹지 않아도 배가 고프지 않았던 선조들은 아마 자손을 남기지 못했을 것입니다.

그러면 그러한 원리에 따라 세상이 흘러가도록 놔두는 것이 옳을까요? 아닙니다. 소위 여론이나 민심은 문제를 해결하는 마법의 지팡이가 아닙니다. 물리적인 힘이 지배하는 영장류 사회라고 해서 그러한 힘의 서열이 늘 옳다고 할 수 없는 것과 마찬가지입니다. 사회적인 여론이 지배하는 인간 사회에서도 그러한 힘에 의한 질서가 늘 옳은 것은 아닙니다. 배고픔은 당연한 생물학적 현상이지만 그렇다고 무작정 먹다 보면 곧 비만이 찾아옵니다.

'사회적 관심'이 가지는 이러한 강력한 힘 때문에 심지어 여론을 조작하는 일도 일어납니다. 자신을 더 높이고 상대를 깎아내리려는 허위 소문과 거짓말, 과시, 비방으로 인해 진흙탕 같은 여론전이 일어나는 것이죠. 적당한 다이어트가 건강에 좋은 것처럼, 적절한 수준에서 사회적 관심 추구 수준을 조절하는 것이 건강한 정신, 그리고 건강한 사회를 위해 필요합니다.

세상에는 제3의 부류가 있습니다. 타인의 관심 여부에 별로 신경 쓰지 않는 이들이죠. 이들은 소위 양적 전략도, 그리고 질적 전략도 추구하지 않습니다. 그저 혼자 지내는 것에 만족하면서 사는 사람들입니다. 진화적 의미에서는 적합도가 상당히 떨어지는 개체지만, 상당한 비율로 세상에 존재합니다. 하지만 이들의 숫자가 얼마나 되는지는 확실하지 않습니다. 말 그대로 잘 드러나지 않기 때문입니다. 기존의 사회적 뇌 가설로는 이들이 세상에 있는 이유를 잘 설명하기 어렵습니다. 아직 잘 설명되지 않는 이상야릇한 현상입니다.

니트족과 중2병

청소년기는 사실 근대 문화의 산물입니다. 20세기 이전에는 청년기adolescence라는 말이 존재하지도 않았습니다. 몇 살까지를 어린이로 보는지는 문화권마다 다소 차이가 있지만, 아동기 이후는 바로 성인기로 취급되었습니다. 이른바 질풍노도Sturm und Drang의 시기가 인간 발달에 중요하다는 것은 비교적 최근에야 밝혀진 사실입니다.

청소년기의 불안과 우울

사실 13세부터 25세에 이르는 시기는 상당히 힘겨운 시기입니다. 심리학자 스탠리 홀Stanley Hall은 그래서 이 시기를 '내성적인 변덕꾸러기, 무모한 모험가, 반항가'의 시기라고 주장했습니다. 그리고 이로 인해서 우울증에 걸리기 쉽다고 생각했는데, 이를 이른바 낙담의 곡선curve of despondency라고 합니다. 흔히 말하는 '중2병'이 공연히 그 무렵에 생기는 것은 아닌 모양입니다. 청소년기는 우울과 불안, 내폐적 공상, 변덕스러움 등이 가득한 기간입니다. 그런데 현대 사회에서는 이러한 시기가 30대까지 더 길게 연장되고 있는 것 같습니다.

과거에는 이러한 질풍노도의 청소년기가 주로 비행이나 약물 남용, 가출 등의 양상으로 나타난다고 생각했습니다. 그런데 1990년대 이후 유럽 사회를 중심으로 경제 성장이 정체되면서 이와 정반대의 양상으로 청소년기의 불안과 우울이 표출되기 시작합니다. 즉 '공부도 하지 않고 직장도 다니지 않는 미혼 청소년Not in Education, Employment or Training'(니트NEET)이 많아지기 시작합니다. 불안과 우울을 외부로 투사하기보다는 내적으로 함입하여 숨는 것입니다. 집단주의를 강조하는 동아시아 문화권에서는 이러한 현상이 더 심각한 사회문제로 비화하는 경향을 보입니다. 일본에서는 이른바 프리터족freeter(아르바이트로 생계를 유지하는 젊은이)나 은둔형 외톨이Hikikomori(집 밖으로 나가는 활동이 극도로 줄어드는 상태) 등 비슷한 양상의 다양한 증후군으로 분류되기도 하는 경향입니다. 물론 한국의 상황도 녹록치않습니다. 일부 연구에 따르면 현재 약 130만 명이 넘는 니트족이 있을 것으로 추산합니다. 15세에서 29세에 속하는, 청년 중 다섯 명당 한 명은 니트족이라는 말입니다.

일부에서는 이를 묶어서, 이른바 현대형 우울증modern-type depression(MTD)이라는 진단을 내리기도 합니다. 이는 다음과 같은 것을 특징으로 합니다. 집단주의보다는 개인주의적 가치관을 가지고, 일반적인 사회적 규준을 받아들이기 거부하며, 자신이 무엇이든 할 수 있다는 막연한 느낌, 그리고 노력이 많이 필요한 고생스러운 일을 회피하는 것 등입니다. 재미있는 것은 이들이 주로 직장에서나 학교에서만 우울감을 많이 느낀다는 것입니다. 인터넷이나 컴퓨터 게임을 할 때는 금세 기분이 좋아진다는 것이 은둔형 외톨이와 다른 점이라고 할 수 있습니다.

사실 니트족의 심리 속에는 청소년기의 일탈이나 비행과 유사한 정신 역동이 자리하고 있습니다. 사회적 규준과 질서에 소극적이지만 지속적으로 저항하는 것입니다. 1960년대 미국 사회를 지배한 히피hippie의 사회적 저항과 불만족, 물질문명에 대한 분노 같은 움직임도 비록 형태는 다르지만, 청소년기의 깊은 불안과 우울, 절망이 큰 역할을 했다고 할 수 있습니다. 청소년기 혹은 초기 성인기는 넘치는 에너지로 모든 가능성을 탐색하는 역동적 시기이기 때문에 문명사회에서는 자연 회귀를 추구하는 히피족으로, 교육과 근로를 장려하는 산업사회에서는 이를 거부하는 니트족으로, 사회적 성취와 물질적 성공을 중요하게 여기는 사회에서는 현재 일에 충실하며 가정에 신경 쓰는 슬로비족Slobbie(Slow But Better Working People)으로 나타날 수 있는 것입니다.

이런 의미에서 볼 때 니트족은 정신적, 사회적 장애라기보다는 새로운 자아를 만들기 위한 내적 투쟁의 결과라고 할 수 있을지도 모릅니다. 너무 심각하지만 않으면 세상에 대한 비판적 태도와 다양한 삶의 방식에 대한 시도는 오히려 전체 인생에서 좋은 경험이 될 수 있습니다. 단 이러한 시기가 이후에도 지속적인 사회 혐오와 유아적인 자기애로 고착되지만 않는다면 말입니다.

실패할 수 있는 자유

스탠리 홀은 청년기가 "인간의 영혼에서 가장 나쁜 충동과 가장 좋은 충동이 자리를 잡기 위해서 서로 싸우는 시기"라고 말했습니다. 니트족은 삶에서 아주 중요한 시기를 이러한 내적 탐색에 사용하고 있는 것인지도 모릅니다. 다만 너무나 빠르게만 움직이는 현대 사회, 한 번의 실패도 용납하지 않는 팍팍한 사회 분위기가 니트족에게 재기의 기회를 주지 못하는 것은 아닌가라는 아쉬움이 있습니다.

애플의 신화를 쓴 스티브 잡스는 고등학교 무렵부터 마약에 빠져 있던 히피로 알려져 있습니다. 대학교는 한 학기 만에 중퇴했으며, 상당 기간 동양철학에 빠지기도 합니다. 첫 직장도 1년

이 되지 않아 그만두고, 히말라야로 여행을 떠나기도 했습니다. 그는 교육도 제대로 받지 않고, 직장도 제대로 다니지 못한 전형적인 니트족이었을 겁니다. 그러나 그에게는 늘 지지해주는 부모와 인생의 스승, 그리고 충실한 동료가 있었습니다. 스티브 잡스의 청년 시절의 방황과 은둔은 사실 이후의 삶을 성공적으로 꽃피우게 한 훌륭한 토양이 되었다고 할 수 있습니다.

정신과 의사 윌리엄 글래서William Glasser는 사람들이 어떻게든 자신에게 행복감을 주는 방법을 찾아내기 위해 노력한다고 주장했습니다. 그리고 진정한 행복과 만족감을 느끼는 방법은 결국 인간관계를 통해서만 얻을 수 있다고 하였습니다. 이를 이른바 선택이론choice theory라고 합니다. 타인에게서 벗어남으로써 느끼는 자유와 즐거움도 있지만, 다른 사람과 좋은 관계를 맺고 소속감을 느낄 때 경험하는 행복이 훨씬 더 크다는 것입니다. 청년기에 겪는 자기 소외와 우울, 그리고 자발적인 은둔은 이러한 삶의 만족감을 찾아내기 위한 시행착오의 과정이라고 할 수 있습니다.

청년기adolescence라는 말은 원래 라틴어 '아돌레스케레adolescere'에서 유래한 말입니다. '성장하다'라는 의미입니다. 니트족이 겪는 사회적 부적응과 고립, 불안은 성장을 위한 중요한 단계일 수 있습니다. 청년기는 새롭게 태어나는 재생의 시기이고 성숙한 삶의 단계에 접어들기 위한 연습의 시간입니다. 자신의 삶이 니트족과 비슷하다고 여긴다면, 스스로 지나친 자기 혐오에 빠질 필요는 없겠습니다. 하지만 니트족의 생활을 하든 혹은 이제 은둔의 삶은 그만두고 세상과 만나려고 마음을 먹든, 그 모든 결정은 스스로 내려야 합니다. 사회적 책임과 개인적 삶의 목적 사이에서, 인생의 중요한 결정을 본인 스스로 내린다는 태도가 청년기에 가장 중요한 과제라고 할 수 있겠습니다.

고용노동부의 기준에 따르면 '한국형 니트족'은 "15~29세 이하의 개인 중 취업자, 정규 교육기관, 입시 학원 등록자, 육아 활동자, 심신장애자, 군 입대 대기자, 결혼 준비자 등을 제외한 전부"로 정의됩니다. 대표적으로 고시족, 공시족이나 부모의 자영업을 돕는 경우, 집안일을 주로 하는 경우도 니트족에 포함됩니다. 즉 비자발적인 청년 실업자도 상당수 니트족으로 분류됩니다.

반면에 일본형 니트족의 정의는 다음과 같습니다. "비경제 활동 인구 중 정규 학교, 예비 학교, 전수 학교 등에 통학하지 않고, 가사 활동을 하지 않으며, 배우자가 없는 독신 혹은 미혼으로 수입이 없는 15~34세의 개인"입니다. 즉 보다 더 자발적인 의사에 따라 공부도 일도 하지 않겠다고 결심한 청년들을 중심으로 하고 있습니다.

따라서 일본형 니트족은 사회의 구성원으로 합류하기를 거부하는 개인적 태도와 관련이 많지만, 한국형 니트족은 일본형 니트족뿐 아니라 장기간의 경기 침체로 인해 취업이 되지 않아 별수 없이 부모님의 일을 돕거나 고시 공부에 매달리는 경우 등도 포함합니다. 그러나 자발적인 니트족과 비자발적인 니트족을 하나로 묶는 것은, 젊은이에게 좋은 일자리를 제공해야 할 기성세대의 책임을 개인적 노력의 부족이나 태도의 문제로 전가하게 만드는 원인이 아닌가 싶습니다.

니트족은 결과적인 비교육, 비취업 상태를 바탕으로 한 사회학적 용어입니다. 이에 해당하는 심리적 상태를 정신의학적 진단명으로 바꾸면, 일본의 정신과 의사인 신 타루미Shin Tarumi가 제안한 현대형 우울증이 제일 가깝다고 할 수 있습니다. 아래는 이러한 현대형 우울증의 주요 증상입니다.

1. 젊은 연령에 많다.

2. 사회에 대해 낮은 충성심과 애착을 보인다.

3. 규칙이나 질서에 대해서 불편하게 느낀다.

4. 사회적 질서나 규준에 대해서 부정적으로 생각하거나 거부한다.

5. 모든 것을 할 수 있다는 막연한 느낌이 있다.

6. 태생적으로 열심히 일하지 않는다. 혹은 힘든 일이나 노력이 필요한 일은 거부한다.

7. 인터넷이나 컴퓨터 게임, 파칭코를 할 때는 우울감을 느끼지 않는다.

— 타카히로 가토 외, 《정신의학 및 임상신경과학》

인간은 이기적인가

승진 시즌을 앞둔 A씨는 요즘 마음이 복잡합니다. 경쟁이 미덕인 샐러리맨의 세계라고 하지만, 몇 안 되는 임원 자리를 차지하기 위해 서로 분투하는 분위기가 영 마뜩잖습니다. 정정당당한 능력 경쟁은 어디로 가고, 상대에 대한 모략과 험담이 은밀하게 오갑니다. 정치판이 따로 없다는 생각입니다. 가만히 있으면 손해 보는 것 같고, 자신도 뭔가 해볼까 하니 뒷말이나 하는 비열한 사람이 되는 것 같아 마음이 불편합니다.

인간의 야만적 이기성

"왕은 신에게만 책임이 있고, 신하에게는 책임이 없다. 국왕은

법의 지배를 받지 않으며, 국왕이 곧 법이다."1603년 잉글랜드 국왕에 즉위한 제임스 1세의 말입니다. 왕권신수설, 즉 왕권의 절대성을 주장한 이러한 이론은 제임스 1세의 뒤를 이은 찰스 1세로 이어집니다. 왕은 이에 반대하는 의회를 해산하고, 의원들을 체포하기도 했죠. 스코틀랜드와의 전쟁과 세금 문제로 의회와 여러 번 갈등하던 찰스 1세는 결국 내전을 일으킵니다. 고등학교 세계사 시간에 배운 적이 있는 잉글랜드 내전입니다.

왕당파와 의회파는 치열하게 전투를 벌였지만, 결국 의회파가 승리하고 찰스 1세는 처형됩니다. 이후 잉글랜드는 왕정이 폐지되고 공화정이 선포됩니다. 물론 10년 만에 다시 왕정복고가 이루어집니다만, 과거와 같은 전제군주제는 영영 사라져버렸습니다. 지금의 입헌군주제가 시작된 계기라고 할 수 있습니다. 현대 한국 사회에도 여러 가지로 시사하는 점이 많네요.

아무튼 이러한 내전 중에 가장 고통받은 사람들은, 왕도 의원도 아니라 영국 국민들이었습니다. 상당 기간 영국은 무정부 상태나 다름이 없었습니다. 국민의 삶은 피폐해졌고, 사회 질서는 무너졌습니다. 이러한 내전의 혼란을 목격한 토머스 홉스Thomas Hobbes는 《리바이어던Leviathan》에서 다음과 같은 말을 남겼죠.

인간의 삶은 고독하고, 가난하고, 추악하며, 야만스럽고, 짧다.

홉스는 스스로에게 내맡겨진 인간은 끊임없는 투쟁과 갈등에 허우적거리며 살 뿐이라고 생각했습니다. 국가가 개입하지 않으면 인간은 이기적 본성 탓에 서로 싸우고 빼앗고 죽이며 고통스러운 삶을 살 뿐이라는 것입니다. 그가 책《리바이어던》의 제목으로 삼은 리바이어던은 바다에 사는 강력한 힘을 가진 괴물인데, 홉스는 인간의 타고난 이기성과 폭력성을 다스릴 집행자를 상징하기 위해서 이러한 괴물, 즉 중앙 정부가 필요하다고 생각했습니다.

정말 인간의 본성은 이렇게 추악하고 이기적이며 더러운 것일까요? 법이나 제도의 도움을 받지 않으면 끝없는 투쟁만을 반복하는 것이 인간의 운명이라면, 절망적인 일입니다. 그러나 이와는 정반대로 원래 인간의 본성은 착하고 고결한데, 문명과 사회제도가 인간을 불필요한 경쟁과 타락으로 이끈다고 주장한 사람도 있었습니다. 바로 장 자크 루소Jean-Jacques Rousseau입니다.

1755년 루소는 이른바《인간 불평등 기원론Discours sur l'origine et les fondements de l'inégalité parmi les hommes》이라는 책에서, '문명 이전의 행복한 삶을 누리고 있는 고귀한 야만인'의 모습을 보여주었습니다. 사실 그의 주장에 대해서는 상당한 격론이 오갔지만, 루소의 주장은 그 당시 프랑스 사회의 지독한 타락, 데카당스decadence를 꼬집으려는 목적이 있었습니다. 하지만 고귀한 야만인noble savage, 즉 인간의 본성은 원래 자유롭고 이타적이며 지복하다는 믿음은 현재까지도 큰 영향력을 발휘하고 있습니다.

1925년 인류학자 마거릿 미드Margaret Mead는 폴리네시아의 사모아 섬에서 다섯 달 동안 지내면서, 그들의 삶을 기록하여 책을 펴냈습니다. 《사모아의 청소년Coming of Age in Samoa》라는 그녀의 책은 일약 베스트셀러가 되었죠. 사모아 인들은 성적인 시기심이 없으며 사춘기의 방황도 겪지 않는 우아한 삶을 살아간다는 내용은, 마치 루소의 주장을 실증하는 것과 같았습니다. 그녀에 따르면 사모아 인들은 폭력도 거의 저지르지 않았고, 죄책감 없이 성관계를 즐겼죠. 어떤 사회적 제도의 도움 없이도 사람들은 경쟁과 갈등 없이 살았습니다.

> 인간의 본성과 전쟁 간에는 어떤 관련성도 없다. 물론 인간에게 공격적이며 파괴적인 본성도 있을 수 있지만, 잠재적으로 인간의 본성은 질서정연하고 건설적이다.
>
> – 마거릿 미드, 《만약의 경우를 대비하라: 인류학자가 바라본 미국》

물론 그녀의 이런 주장에는 상당한 이견이 있습니다. 당시 미국 인류학계는 독일의 우생학적 분위기, 즉 전체주의적 사회가 유발하는 비인간적인 행위에 치를 떨었죠. 그래서 인간 본성의 고귀함에 좀 더 천착하는 경향이 있었습니다. 데릭 프리먼Derek Freeman은 1996년 미드가 잘못된 데이터에 의존했다고 밝혔습니다. 미드가 주로 면담한 사모아의 소녀들이 미드에게 한 이야기는 그냥 지어낸 이야기였다고 고백했기 때문이죠.

인간은 이기적인가 이타적인가

이기적인 사람의 대표 주자는 바로 사이코패스입니다. 정확한 정신의학적 진단명은 '반사회적 인격장애'입니다(정확히 말하면 약간 개념이 다른데, 흔히 혼용해서 사용합니다.). 다음과 같은 특징이 있습니다.

공감이나 반성을 하지 않는다.

차가운 마음을 가지고, 이기적이며, 무감각하다.

자기중심적이고 냉담하며 공격적이다.

타인의 협력과 신뢰를 이용한 범죄, 예를 들면 사기나 중혼 등을 저지른다.

충동적이고 흥분을 갈망한다.

이러한 사람들이 전체 인구의 약 1~3퍼센트에 달합니다. 교도소에 수감된 사람 중에는 약 20퍼센트에 달한다는 보고도 있습니다. 물론 순간적인 충동이나 불가피한 실수로 죄를 저지른 사람도 있습니다. 죄는 밉지만 사람은 미워할 수 없는 경우죠. 하지만 세상에는 정말 동정하기 어려운 '이기적인 나쁜 사람들'도 있는 것 같습니다. 그에 반해서 너무 착하고 순결한 사람도 있습니다. '저렇게 착해서야 이런 세상을 어떻게 살아갈까' 싶은 걱정을 자아내게 하기도 하는 '천사표'들이죠.

린다 밀리Linda Mealey 등의 학자는 이른바 혼성 진화적 안정 전략mixed evolutionary stable strategy이라는 가설을 제시합니다. 즉 인구 집단 안에서 여러 개의 진화적 전략이 협력하고 경쟁하는데, 어떤 경우에는 사이코패스 개체가 유리하고 어떤 경우에는 협력적인 개체가 유리하다는 것입니다. 그리고 이들의 비율은 일정하게 유지된다고 주장합니다. 정말 인간 사회에서 이런 일이 일어나는지는 논란이 있지만, 수학적으로는 입증이 어렵지 않은 가설입니다.

아마 홉스나 루소, 미드는 전체 인간 집단 내에서 특정한 사람들을 주로 보고 성급한 결론을 내렸는지도 모르겠습니다. 세상에는 '착한' 사람도 있고 '나쁜' 사람도 있는데, 상황에 따라 득세하는 부류가 달라지는지도 모르죠. 이를 설명하는 아주 흥미로운 주장이 있습니다. 척박하고 열악한 양육 환경, 즉 전쟁이나 기아 등이 만연한 환경에서 성장하면 사이코패스가 되기 쉬운데, 이는 그러한 환경에서의 적응에 '이기적' 태도가 더 유리하기 때문이라는 것입니다. 물론 이러한 조건화된 기만 전략으로서의 사이코패스 가설은 대단히 논란이 많은 이론입니다.

인간의 마음은 명령을 일사불란하게 수행하는 정예 특공대가 아닙니다. 마음속에는 여러 충동과 감정, 기억과 판단이 어지럽게 뒤섞여서 서로 갈등합니다. 진화심리학에서는 이를 모듈성modularity이라고 하고, 정신의학에서는 구획정신화 compartmentalization라고 하죠. 영화 〈인사이드아웃〉을 생각하면 더 이해하기 쉬울 것입니다. 이기심과 이타심, 욕심과 염치, 배신과 의리 등 다양한 생각들이 서로 갈등하고 경쟁합니다.

인간은 원래 이렇게 복잡한 존재입니다. 대부분 어느 정도의 이기심 그리고 어느 정도의 이타심이 적당히 섞여 있습니다(예외는 있겠습니다만.). 그리고 홉스가 목격한 것처럼, 궁핍하고 열악한 상황에서는 이기심과 폭력성이 더 큰 발언권을 가지게 되죠. 당장 굶어 죽게 생겼는데, 양심이고 체면이고 차릴 것이 없습니다. 그러나 슬며시 마음속에 드는 이기적이고 타산적인 마음은 당신이 '원래' 나쁜 사람이기 때문은 아닙니다.

그러면 어차피 세상은 정글이니 거추장스러운 양심은 놔 버리고 살아가는 것이 정답일까요? 앞서 말한 것처럼 사이코패스의 비율은 전체 인구의 3퍼센트를 넘지 않습니다. 아마 이기적 전략이 성공적이었다면 사이코패스의 비율이 훨씬 높았을 것입니다. 단기적으로는 이기적인 배신과 모략, 협잡과 사기의 전략이 승리할 수 있습니다. 그러나 장기적으로는 이타적인 협력과 배려의 전략이 훨씬 성공적입니다. 살아가면서 한두 번은 동료를 배신하거나 혹은 이기적으로 잇속만 차린 경험이 있을 것입니다. 인간이니까 그럴 수 있습니다. 하지만 결코 지속 가능한 전략이 될 수 없습니다.

> 두 개의 '악'을 구분하는 것은 아주 중요하다. 그리고 일시적으로는 덜 나쁜 악을 선택할 수도 있을 것이다. 그러나 덜 나쁜 필요악에 절대 '선'이라는 이름표를 붙여서는 안 된다.
>
> — 마거릿 미드, 《몇 가지 개인적 견해들》

사기꾼이 넘치는 세상

사기꾼이 득세하는 세상입니다. 좁게는 학교와 직장에서부터, 넓게는 사회와 국가에 이르기까지 '사기꾼'이 승승장구하는 것 같습니다. 도덕군자의 수준까지는 아니더라도, 최소한 자신의 거짓과 잘못을 솔직히 인정할 줄 아는 사람이 성공해야 한다고 생각합니다. 그러나 세상은 오히려 정반대인 것만 같네요. 명백한 거짓말과 분명한 잘못에도 불구하고, '뭐가 문제라는 거냐!' 라고 큰소리치는 사람들이 큰 보상을 받으며 높은 지위에 오르는 현실입니다.

사기꾼의 원형, 트릭스터

사실 사기꾼 기질은 '모든 인간의 깊은 심성'에 자리 잡은 공통된 원형입니다. 이를 흔히 '트릭스터Trickster'라고 합니다. 수많은 문화권에서 발견되는 신화적 원형입니다만, 가장 유명한 것이 바로 서부 아메리카 원주민의 '코요테Coyote' 이야기입니다. 아메리카 원주민 연구자 리처드 어도스Richard Erdoes에 의하면, 코요테는 여성을 유혹하는 전문가일 뿐 아니라 항상 필요한 것 이상으로 음식을 훔칩니다. 이를 위해서 강물도 바꾸고 지형도 변화시키는 술법을 부리지요. 사기와 계략을 꾸미고, 마법을 부리는 비도덕적이고 탐욕적인 존재가 바로 트릭스터입니다.

재미있게도 트릭스터는 자신의 '외양을 바꾸는' 능력이 있습니다. 그래서 신화적으로는 '샤먼shaman'과도 깊은 관련이 있습니다. 늘 기발한 꾀와 천재적인 계략으로 남의 것을 빼앗고 사람들을 조종합니다. 그래서 한편으로는 인간의 '창조성', 그리고 '문화'를 상징하기도 합니다. 자연의 위대한 창조력에는 비할 수 없지만, 인간이 문화를 통해 성취하는 작은 창조를 뜻합니다.

다른 사람을 속이고, 자신의 이익을 취하는 것. 이는 사실 인류가 오랜 적응을 통해서 진화시킨 고유한 심리적 형질입니다. 아마 여러분은 모두 잔꾀를 부려서 이익을 취해본 경험이 한 번쯤은 있을 것입니다. 사실 한 번쯤이 아니라, 아마 거의 매일 그러는지도 모르겠습니다. 노골적으로 새빨간 거짓말과 악의적인 계략을 꾸미지는 않더라도 '소소한' 거짓말과 '얕은' 꾀는 사실 우리의 일상 그 자체입니다. 예를 들어, 취업을 위해 내는 이력서만 해도 그렇습니다. 작은 경력은 크게 부풀리고, 안 좋은 과거는 슬쩍 숨깁니다. 이력서 작문이라는 '문화적 과정'을 통해서 '새로운 모습의 자신'을 '창조'하는 것입니다.

이러한 기만 전략은 집단 사회에서 대단히 유리합니다. 인간은 다른 영장류와 달리, 예외적인 수준의 높은 사회성을 보입니다. 아주 복잡한 계층화와 분업화를 이루면서, 공동의 이익을 위한 집단을 형성합니다. 따라서 '사기꾼' 전략을 통해 자신의 희생은 최소화하면서, 전체 집단의 이득은 나누어 가지는 개체는 아주 유리해집니다. 속된 말로 '사기 못 치는 놈이 바보'인 것입니다.

사람들은 꾀를 부려서 남을 속이는 것을 좋아하고 즐깁니다. 꾀쟁이 생쥐가 큰 고양이를 골탕 먹이는 식의 이야기는, 어린아이에게 인기 있는 만화의 단골 소재입니다. 어른도 마찬가지입니다. 천재적인 계획과 기발한 작전을 세워 용감하게 다이아몬드를 훔치는 〈도둑들〉이라는 영화를 아실 것입니다. 사실 나쁜 절도범일 뿐이지만 관객은 배우들에게 자신을 투사하며 깊이 공감합니다. 그들의 '도둑질'이 부디 성공하기를 간절히 바라며 마음을 졸입니다.

사기꾼 탐지 모듈의 진화

기만 전략은 장기적으로 성공하기 어려운 전략입니다. 어떤 행동 전략이 지속적으로 집단 내에서 유지될 수 있을 때, 이를 진화적으로 안정된 전략Evolutionary Stable Strategy(ESS)이라고 부릅니다. 그런데 기만 전략은 집단 내에 협력적인 개체가 훨씬 많을 때만 성공할 수 있습니다. 사기꾼이 어느 정도 이상 많아지면, 집단은 무너져버립니다. 즉 무조건적인 기만 전략은 진화적으로 불안정한 전략입니다.

게다가 인간에게는 사기꾼 전략을 억지하는, 사기꾼 탐지 모듈cheater-detection module이 동시에 진화하였습니다. 남을 기만하면서도, 동시에 자신만은 기만당하지 않으려는 전략이죠. 실제로 한 번 속은 사람에게 다시 속는 사람은 거의 없습니다. 기만을 당한 경험은 결코 잊히지 않습니다. 그리고 그러한 경험을 주변 사람들에게 널리널리 자발적으로 알립니다. 게다가 이러한 가십gossip, 즉 '뒷담화'는 아주 재미있습니다. 사실 아주 재미있게 느끼도록 진화했습니다. 물론 이런 점을 역이용해서 모략을 꾸미는 사기꾼도 있습니다만.

그런데 왜 이렇게 사기꾼들이 승승장구하는 것일까요? 현대 사회는 이러한 진화적 게임이론으로는 잘 설명되지 않는 것일까요? 그렇지 않습니다. 기만 전략이 성공할 수 있는 예외적인 상황이 있습니다. 첫째 집단의 구성원이 자주 바뀔 때. 둘째, (위협이나 강압적인 통제를 통해) 집단 내의 정보 확산이 원활하지 않을 때. 셋째, (개명, 변장, 신분 세탁 등으로) 사기꾼 개체가 자신의 정체를 잘 위장할 때. 넷째, 소속된 집단을 변경할 의사가 있을 때 (즉 크게 한탕 치고 도망가려고 할 때) 등입니다. 그래서 종종 사기꾼들은 도리어 피해자에게 협박을 하곤 합니다. 발설하지 말라는 것이죠. 이름도 바꿉니다. 직장도, 종교도, 사는 곳도 바꾸면서, 자신이 속한 집단을 계속 바꿉니다. 외국에도 나가고, 심지어는 성형수술을 해서 외모도 바꿉니다.

기만 전략은 반드시 끝이 있습니다. 전략 자체의 내적 속성이 모순적이기 때문입니다. 일단 기만 전략이 성공하면 성공할수록, 그 전략에 희생당한 사람들의 수가 늘어납니다. 아무리 자신을 숨기고 이름을 바꾸고 다른 곳으로 몸을 숨겨도, 점점 넓은 집단의 많은 사람에게 정체가 드러나게 됩니다. 아무리 강압과 위세를 통해서 이러한 정보의 확산을 억제해도 한계가 있습니다. 집단 내에 가십이 점점 퍼져 나가게 됩니다. 게다가 현대 사회에서는 언론이 가십에 대한 정직한 중개자의 기능을 합니다.

이에 더해서 인간은 이러한 사기꾼, 즉 무임승차자free-rider를 혼내 주는 이른바 제삼자 처벌third-party punishment 혹은 이타적 처벌의 심리적 모듈을 가지고 있습니다. 자신이 직접 피해를 입지 않았더라도 기만적인 사람을 벌주려는 것입니다. 종종 약간 손해를 감수하더라도 벌을 주려고 하죠. 물론 이론적으로 이러한 이타적 처벌이 과연 진화할 수 있는지에 대해서는 논란이 있습니다. 그러나 어쨌든 실제로 그런 모듈이 존재하는 것은 맞는 듯합니다. 사기꾼이 처벌받으면 대뇌 속 쾌감중추가 활성화됩니다. 그 사기꾼이 자신과 직접적인 관련이 없더라도 말입니다. 심지어 위험을 무릅쓰더라도 이러한 사기꾼을 찾아내서 벌하려고 합니다. 나쁜 사람이 성공하면 분이 나고, 그들이 처벌받으면 기쁨을 느낍니다. 이를 다른 말로 하면, '불의에 타협하지 않고 의를 구하는' 마음이라고 할 수 있겠네요.

주변에서 잔꾀를 부리며 성공하는 사람들을 보면, 괜히 억울하고 화가 납니다. 높은 지위에 오른 사람들이 사실 이러한 사기꾼에 불과했다는 것을 알게 되면 더욱 실망스럽습니다. 그러나 트릭스터의 원형은 인간의 보편적 심성입니다. 우리 모두 가지고 있습니다. 정신과 의사 카를 구스타프 융Carl Gustav Jung은 《네 가지 원형: 어머니, 부활, 영혼, 트릭스터Four Archetypes: Mother, Rebirth, Spirit, Trickster》라는 책에서 트릭스터에 대해 인간의 '원시적이고 비합리적인 무의식의 어두운 부분, 즉 다크사이드primitive, irrational dark side of the unconsciousness'라고 하였습니다.

그러나 동시에 융은 트릭스터가 인간의 창조성과 창의력의 원천이라고 하였습니다. 통제되지 않는 꾀는 사기꾼으로 처벌받지만, 적절하게 통제된 꾀는 지혜로운 창조적 에너지로 승화됩니다. 사기꾼 전략은 반드시 그 내적 속성으로 무너지게 되어 있습니다. 수많은 역사, 그리고 지금 우리 눈앞에서 일어나고 있는 현실이 이를 증명합니다. 이를 반면교사로 삼아 다크사이드에 넘어가지 말고, 자신 안의 트릭스터를 잘 길들여야만 합니다.

〈스타워즈 에피소드 5, 제국의 역습〉에서 다스 베이더에 대해 묻는 루크 스카이워커에게 스승 요다는 다음과 같이 대답합니다. 어두운 힘은 결코 강하지 않습니다.

루크: 베이더… 다크사이드가 더 강한가요?

요다: 아니, 아니, 아니. 더 빠르고, 쉽고, 유혹적일 뿐.

악당과 호구 상대하기

　서로 속고 속이는 세상입니다. 스스로 살아남기 위해 남을 공격하고 파괴하는 '만인에 대한 만인의 투쟁'입니다. 토머스 홉스의 말에 따르면 인간은 외롭고, 비참하고, 잔인하고, 짧을 수밖에 없는 운명을 살 뿐입니다. 그러나 과연 그럴까요?

　인류는 고도의 문명을 건설하고 협력적인 사회를 만들어왔습니다. 우리는 불쌍한 사람을 제도적으로 돕고, 힘을 합쳐 나쁜 사람을 처벌합니다. 이기적인 인간이 만들어낸 이타적인 사회죠. 1979년 진화학자 로버트 액설로드Robert Axelrod는 이 딜레마를 풀기 위해 흥미로운 시도를 합니다.

협력과 배신의 메커니즘

인간의 능력에서 가장 흥미로운 것 중 하나는 바로 '타인을 식별하고, 그의 행동을 기억하는 능력'입니다. 우리는 수천 명의 사람과 관계하고, 그들을 각각 다른 사람으로 구분할 수 있습니다. 후두엽에는 얼굴을 인식하는 별도의 부위가 있는데, 상측두고랑 및 편도체, 방추형이랑 등과 연합하여 타인의 얼굴을 그의 행동 및 수반되는 감정적 기억과 같이 저장합니다.

이러한 독특한 인지 능력의 진화를 통해서, 우리는 은혜에 보답하거나 원수에게 복수할 수 있게 되었죠. 따라서 우리는 그 행동의 즉각적인 이득과 손해 외에도, 장기적인 상호 관계의 대차대조표를 이용해서 어떤 행동을 할지 결정하게 됩니다. 협력과 배신의 전략은 점점 더 복잡하게 진행됩니다.

따라서 한 번 보고 절대 안 볼 사람이라면, 사기 치고 도망치는 것이 정답입니다. 피해자는 사기꾼을 다시 찾아내 보복하는 것이 정답이죠. '눈에는 눈, 이에는 이' 전략입니다. 좀 더 자세히 알아보겠습니다.

일반적으로 협력은 서로에게 이익을 가져다줍니다. 혼자서는 100만 원만 벌 수 있어도, 둘이 힘을 합치면 600만 원을 벌 수 있습니다. 둘로 나누어도 300만 원이죠. 그러나 배신은 더 유혹적입니다. 협력하다가 배신하면, 모든 이익을 독식할 수 있습니다. 위험성도 있으니 한 500만 원이라고 할까요? 그런데 서로 배신을 하면, 얻는 이익이 아주 적어집니다.

앞서 말한 대로 로버트 액설로드는 이러한 몇 가지 조건을 두고 흥미로운 게임을 제안했습니다. 게임의 조건은 다음과 같습니다.

1. 각 참여자는 미래에 다시 만날 가능성이 높다.
2. 각 참여자는 동일한 전략을 사용한다.
3. 상호 협력의 이익 > (배신자의 이익 + 배신당한 자의 손해) / 2

전 세계의 학자들에게 각자 자신의 전략을 제시하며, 토너먼트를 시작했습니다. 총 62개의 전략이 출전하여 경주를 펼쳤습니다. 물론 실제로 한 것은 아니고, 컴퓨터 시뮬레이션을 통해 진행되었죠.

다음의 선수 중에 어떤 선수가 우승했을지 골라보세요.

1. 상대가 어떻게 하든 무조건 배신하는 선수
2. 상대가 어떻게 하든 무조건 협력하는 선수
3. 일단 협력하지만, 상대가 배신하는 순간 영원히 협력하지 않는 선수
4. 상대가 협력하면 협력하고, 배신하면 배신하는 선수
5. 랜덤으로 협력과 배신을 선택하는 선수

1번 선수는 그냥 악당이죠. 2번 선수는 '호구'입니다. 3번 선수는 뒤끝이 너무 심한 선수, 4번은 '눈에는 눈, 이에는 이' 원칙의 선수, 5번은 이상한 선수, 6번은 사회적 평판을 중요하게 여기는 선수입니다. 이외에도 55개의 전략이 더 출전했습니다.

세상은 이러한 각자의 전략을 선택하는 사람으로 가득합니다. 그런데 과연 누가 승리했을까요? 예상하셨겠지만 4번 선수가 승리했습니다. 이를 '팃포탯Tit for Tat' 전략이라고 합니다. 캐나다 선수 아나톨 라파포트가 제시했는데, 일단 협력하되 상대가 배신하면 나도 배신하는 전략이죠. 하지만 상대가 다시 협력하면, 바로 용서하고 다시 협력하는 전략입니다. 이러한 전략이 다른 61개의 전략을 압도했습니다.

처음 만나는 사람과도 일단은 협력하는 것이 유리한 이유입니다. 상대가 배신하면 어쩔 수 없이 나도 보복합니다. 그러나 상대가 다시 숙이고 들어오면 바로 용서하는 것이죠. 액셀로드의 실험은 이후 널리 알려지면서, '눈에는 눈, 이에는 이' 전략, 즉 팃포탯 전략이 '가장 우수한 전략'이라는 오해를 낳는 데 일조했습니다.

속옷을 달라 하면 겉옷도 내어주며

진실을 말씀드리면 팃포탯 전략은 가장 유리한 진화적 안정 전략(ESS)이 아닙니다. 그보다 더 유리한 전략이 존재합니다. 그중 하나가 점진적 팃포탯 전략인데, 상대가 배신한 횟수만큼 나도 더 많이 보복하는 전략이죠. 일반적인 팃포탯 전략보다 약간 유리합니다. 그러나 놀랍게도 이보다 더욱 강력한 전략이 존재합니다.

가장 강력한 전략은 바로 '두 번의 탯과 한 번의 팃' 전략입니다. 즉 한 번의 배신은 보복하지 않고 용서하는 것이죠. 왼뺨을 때리면, 오른뺨을 대는 것입니다. 그런데 왜 이 전략이 1979년 토너먼트에서 우승하지 못했을까요? 아무도 이 전략으로 출전하지 않았기 때문입니다.

'일단은 협력하고 한 번의 배신까지는 용서하는 관대한 팃포탯 전략Generous Tit for Tat(GTFT)'이 훨씬 유리합니다. 용서하면 마음이 편하니까, 혹은 나중에 선행을 쌓으면 천국에 갈 수 있으니까, 라는 식의 논리가 아닙니다. 물론 일반적인 상식에는 반하는 일입니다만, 관대한 용서는 아주 강력한, 그리고 현실적인 진화적 적응 전략입니다. 《마태복음》 5장에는 "누가 속옷을 달라 하면 겉옷을 내어주라. 누가 1마일을 같이 가자고 하면 2마일을 같이 가라."는 구절이 있습니다. 이러한 관대한 팃포탯 전략은 진화적 게임 이론을 통해서 가장 적응적인 장기적 행동 전략임이 입증되고 있습니다.

물론 호구가 되라는 말은 아닙니다. 적어도 한 번 정도는 그의 잘못을 용서해주세요. 그가 예뻐서가 아니라, 바로 당신의 미래를 위해서 말이죠.

뒤끝 없이 쿨하게 사는 법

그 일만 생각하면 분통이 터져서 견딜 수 없습니다. 밤에도 자다가 벌떡 일어나게 됩니다. 시원하게 복수하고 싶습니다. 아예 확 죽여버리고 싶습니다. 아니면 경찰에 고소하여 엄청난 배상을 받아내는 상상도 합니다. 가슴이 꼭 조이도록 고통스럽다가, 금세 통쾌한 기분이 듭니다. 절대 잊지 않고 응어리진 마음을 갚아줄 작정입니다. 하지만 결심만 한 채 벌써 수십 년이 흘렀습니다.

마음속 원한과 언더독 효과

앙심은 원한을 품고 앙갚음하려 벼르는 마음입니다. 가슴에 맺혀 도저히 잊을 수 없는 상태죠. 부드럽게 말하면 '쿨'하지 못한 것이고, 나쁘게 말하면 '뒤끝'이 있는 것입니다. 한이라고 하면 서정적인 느낌이 들지만, 심리학적으로 앙심과 별 차이가 없습니다.

누구나 조금은 원한이 있습니다. 세상 살면서 억울하고 부당한 일을 겪지 않은 사람이 있을까요? 정도의 차이는 있을지언정, 우리는 모두 잊지 못할 한이 있기 마련입니다. 집단은 집단의 논리에 따라 움직입니다. 한 사람 한 사람의 소소한 기분 따위는 중요하지 않습니다. 알게 모르게 매일같이 누군가는 크고 작은 마음의 상처를 받습니다.

하지만 쌓인 원한을 겉으로 표현하는 것은 쉬운 일이 아닙니다. 장애 어머니를 둔 남자가 있었습니다. 어린 시절 늘 어머니가 창피했는데 친구와 다투다가 '이런 병신 자식이!'라는 말을 들은 것입니다. 물론 그 친구가 어머니의 장애 여부를 알고 있었는지는 분명하지 않습니다. 하지만 남자는 이날의 일을 도저히 잊을 수 없습니다. 매일매일 어머니를 볼 때마다, 그 모욕적인 기억을 되뇝니다. 차라리 자기 일이라면 참겠는데, 어머니를 욕한 것이니 더더욱 참기 어렵습니다.

그러나 이제 와서 "수십 년 전 우리 어머니를 욕했으니 사과해라."라고 해봐야 소용없습니다. 기억도 잘 나지 않을 것입니다. 설령 "내가 그랬었다면 정말 미안하다. 초등학교 때 모르고 한 말이다."라는 사과를 듣는다 해도 속이 시원할 리 없습니다. 수십 년 동안 고통받았으니, 사과 한마디로 끝날 일이 아니죠. 때린 놈은 기억 못 하고, 맞은 놈만 억울한 것입니다.

마음속에서 일단 굳어진 앙심은, 마치 고장 난 레코드판처럼 평생토록 마음속에서 되풀이됩니다.

퇴계 이황의 이야기입니다.

> "오씨 성을 가진 자가 있었는데, 그는 늘 자신에 대해 '소인'이라 하지 않고 '나'라고 하였다. 그래서 사람들의 눈 밖에 나더니 결국 동네에서 쫓겨나 외딴집에 살다가 죽었는데, 죽은 지 며칠이 지나도록 사람들은 그 사실조차 몰랐다."
>
> — 이규태, 《한국인의 의식구조》

내적으로 해결하지 못한 앙심의 심리는, 결국 약자자처弱者自處의 심리로 이어진다고 합니다. '약자'란 말 그대로 '약한 사람'인데, 아이러니하게도 약자가 강자를 이기기 원하는 마음이 생깁니다. 스스로 강자가 되는 것이 불편해지는 역설입니다. 약자로 계속 남아 있어야, 가슴 속 깊은 원한을 정당화할 수 있기 때문이죠. 점점 내적인 발전이 정체됩니다. 야구 경기를 볼 때 지는 팀을 응원하는 것은 흔히 있는 일이지만, 응원을 받으려고 일부러 지는 팀이 생긴다면 곤란합니다.

한이 있는 사람은 자신이 약하다는 것을 인정받고 싶어 합니다. 약자자처의 심리는 거기서 멈추지 않고, 급기야는 타인에게도 '약해질' 것을 강요합니다. 자신은 '소인'이 아닌데, 왜 '소인'으로 낮추어 불러야 하냐던 오씨는 결국 배척을 받고 외롭게 죽었습니다. 그러나 이는 겸손과 다른 것입니다. 겸손은 자신의 부족함을 인정하는 솔직한 태도입니다. 그러나 과도한 자기 비하는 사람들의 눈에 거슬리지 않겠다는 의도에서 시작됩니다. 보살핌을 받아야 하는 피해자로 기만하려는 것이죠.

이러한 약자자처, 강자배척의 심리가 작용하면 역설적 상황이 일어나기도 합니다. 회사에서 우수한 직원을 뽑겠다며 면접을 봅니다. 그러나 '저는 아무것도 모르는 천학비재한 사람이지만……'이라는 사람이 선발됩니다. 우수한 경력과 다양한 재주가 있다며 어필하는 지원자는 종종 낮은 평가를 받습니다. 도대체 능력이 있는 사람을 뽑겠다는 것인지, 능력이 없는 사람을 뽑겠다는 것인지 알 수 없습니다. 이런 조직이 잘 굴러갈 리 없습니다.

물론 패배자에게도 힘찬 박수를 보내주어야 합니다. 하지만 단순한 응원이 아니라 내적으로 해결하지 못한 약자자처, 강자배척의 심리 때문이라면 문제가 됩니다. 점점 이긴 자의 승리를 '무엇인가 부당한 것'으로 의심하게 합니다. 자강에 힘쓴 사람을 부당하게 질시합니다. 심지어 '경기에서 진 것도 슬플 텐데, 그냥 이긴 것으로 쳐주자. 하지만 쟤는 늘 우승하니 뭐가 부럽냐.

그냥 좀 져줘라'라는 비이성적 반응도 생깁니다. 과도하게 자신을 약자에게 투사하여 생기는 일입니다.

남자는 땅을 30평 정도 가지고 있었습니다. 아파트 신축 대지에 포함되자 건설회사는 평가를 거쳐 1억 원을 보상해주기로 했습니다. 하지만 남자는 억울했습니다. 무려 4억 원을 달라고 했는데, 회사에서는 도저히 받아들일 수 없었죠. 양심을 품었습니다. 재벌 회사와 국가가 평범한 시민의 땅을 빼앗는다고 생각했습니다.

그는 발이 닳도록 시청에 찾아가 탄원서를 쓰고, 회사에 민원을 제기했습니다. 청와대에도 진정서를 냈습니다. 불평은 그의 일과가 되었습니다. 하지만 그래도 해결되는 것은 없었습니다. 그의 땅만 제외한 채 아파트가 건설되고, 2차선으로 계획된 도로는 1차선으로 바뀌었습니다. 건설회사는 그의 땅에 더 관심을 보이지 않았습니다. 남자의 원한은 사회 전체를 향했습니다.

남자는 급기야 창경궁에 불을 지릅니다. 다행히 불은 금방 꺼졌습니다. 그런데 창경궁 방화 수리비를 내라는 판결을 받자 분노는 극에 달합니다. 결국 남대문에 몰래 올라가 시너를 뿌리고 불을 지릅니다. 1398년에 건립된 국보 1호 남대문은 이 사건으로 거의 전소됩니다.

정신의학적으로 과도한 앙심을 품는 성격을, 불평 성격 querulent personality이라고 칭합니다. 항상 의심이 심하며, 어떤 제안에도 반대하고, 처우를 불평하며, 쉽게 노하는 성격이죠. 주로 40대 이후에 생기는데, 남성이 약 네 배 정도 많은 것으로 알려져 있습니다. 이런 성격을 가진 사람은 보통 교육 수준도 높고, 가정도 가진 '건실한' 사람입니다. 하지만 내적으로 힘든 일이 닥치면, 점점 지속적인 불평과 불만을 호소하고, 세상을 불신하게 됩니다.

피해망상과 비슷하지만 큰 차이가 있습니다. 불만의 원인이 망상이 아니라 실제로 일어난 일이라는 점이죠. 분명 억울한 일입니다. 다만 1만큼 억울한데 100만큼 불평한다든가, 수십 년 전에 있었던 일인데도 절대 잊지 않는다는 점이 다릅니다.

한으로 가득 찬 마음은 쉽게 누그러지지 않습니다. 수십 년 동안 품어온 앙심은 수십 년 동안 자란 나무처럼, 그 뿌리가 아주 깊고 견고합니다. 게다가 누가 봐도 억울한 일임에는 분명합니다. 그러니 보상으로도, 보복으로도 도저히 해결되지 않습니다. 수십 년 동안 고통받은 마음을 어떻게 보상받겠습니까? 무슨 수로 보복하겠습니까?

사실 억울한 일을 절대 잊지 않겠다는 심리적 모듈은, 진화적 측면에서 분명 적응적 이득이 있습니다. 게임이론에서는 이를 방아쇠 전략trigger strategy이라고 합니다. 한 번만 방아쇠가 걸리면, 이후에는 무조건 쏴 버리는 것이죠. 배신자에게 무관용 원칙으로 대응하는 대인관계의 전략입니다. 조금만 충실성에 의심이 가도 절대 영원히 협력하지 않습니다.

그러나 이러한 전략은 아주 위험합니다. 선의의 피해자를 양산할 수 있고, 본인도 고립됩니다. 우리는 모두 실수도 하고, 잘못도 합니다. 의도하고 상처를 준 적도 있고, 어쩌다 보니 그렇게 된 적도 있습니다. 우리는 매일같이 미안할 일을 서로 주고받습니다. 작은 잘못은 그냥 넘어가야 현명합니다. 큰 잘못이라도 시간이 지나 잊히면 용서해야 합니다. 눈에는 눈, 이에는 이를 고수하면 세상에는 장님만 남습니다. 마하트마 간디의 말입니다.

물론 편집적 심리 모듈은 깊은 감정 수준에서 일어나는 것이므로, 간단히 생각을 바꾸는 것으로는 쉽게 누그러지지 않습니다. 그래서 더욱 의도적인 용서와 화해의 작업이 필요합니다. 상처를 준 사람에게 무릎을 꿇고 굴복하는 것이 아닙니다. 정의에 눈감고, 불의와 타협하라는 것도 아닙니다. 잊힐 리야 있겠느냐마는, 그래도 잊어가는 것입니다. 행복한 미래를 위해서 깊은 한을 풀어내야 합니다.

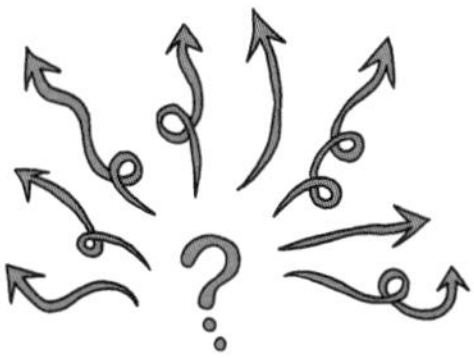

참고문헌

* 데이비드 버스, 전중환 옮김, 《욕망의 진화》, 사이언스북스, 2007.
* 데즈먼드 모리스, 김석희 옮김, 《털 없는 원숭이》, 문예춘추사, 2011.
* 로먼 크르즈나릭, 강혜정 옮김, 《원더박스》, 원더박스, 2013.
* 로버트 액설로드, 이경식 옮김, 《협력의 진화》, 시스테마, 2009.
* 리처드 어도스·알폰소 오르티스, 김주관 옮김, 《북아메리카 원주민 트릭스터 이야기》,
  한길사, 2014.
* 마가릿 미드, 박자영 옮김, 《사모아의 청소년》, 한길사, 2008.
* 마리아 베테티니, 장충섭 옮김, 《거짓말에 관한 작은 역사》, 가람기획, 2006.
* 마빈 해리스, 김찬호 옮김, 《작은 인간》, 민음사, 1995.
* 마크 판 퓌흐트·안자나 아후자, 이수경 옮김, 《빅맨》, 웅진지식하우스, 2011.
* 마틴 데일리·마고 윌슨, 김명주 옮김, 《살인》, 어마어마, 2015.
* 밥 팔머, 송동호 옮김, 《식이장애》, 아카데미아, 2005.
* 베르나르 베르베르, 이세욱 옮김, 《나무》, 열린책들, 2008.
* 빅터 프랭클, 이시형 옮김, 《죽음의 수용소에서》, 청아출판사, 2012.
* 빠또하, 박유리 옮김, 《칠극》, 일조각, 2005.
* 시부야 쇼조, 송진명 옮김, 《거짓말 심리학》, 휘닉스드림, 2005.

- 웬다 트레바탄, 박한선 옮김, 《여성의 진화》, 에이도스, 2017.
- 이규태, 《한국인의 의식구조》, 문리사, 1978.
- 최정규, 《이타적 인간의 출현》, 뿌리와이파리, 2013.
- 프랭크 설로웨이, 정병선 옮김, 《타고난 반항아》, 사이언스북스, 2008.
- 하세가와 에이스케, 김하락 옮김, 《일하지 않는 개미》, 서울문화사, 2011.
- 한나 아렌트, 김선욱 옮김, 《예루살렘의 아이히만》, 한길사, 2006.
- 한상복·이문웅·김광억, 《문화인류학》, 서울대학교출판문화원, 2011.

- Ainsworth, M. D. S., Blehar, M. C., Waters, E. & Wall, S. N. (2015), *Patterns of attachment: A psychological study of the strange situation*, Psychology Press.
- American Psychiatric Association (2013), *Diagnostic and statistical manual of mental disorders (DSM-5®)*, American Psychiatric Pub.
- Buss, D. M. (1989), "Sex differences in human mate preferences: Evolutionary hypotheses tested in 37 cultures", *Behavioral and brain sciences*, 12(1), 1–14.
- Buss, D. M. & Barnes, M. (1986), "Preferences in human mate selection", *Journal of personality and social psychology*, 50(3), 559.
- Cartwright, J. (2008), *Evolution and human behavior: Darwinian perspectives on human nature*, MIT Press.
- Daly, M. & Wilson, M. (1988), "Evolutionary social psychology and family homicide", *Science*, 242(4878), 519–524.
- Gigerenzer, G. & Hertwig, R. (2015), *Heuristics: The Foundations of Adaptive Behavior*, Oxford University Press.
- Gilbert, P., Price, J., & Allan, S. (1995), "Social comparison, social attractiveness and evolution: How might they be related?", *New ideas in Psychology*, 13(2), 149–165.
- Hall, G. S. (1904), *Adolescence (Vols. 1 & 2)*, New York: Appleton.
- Hartung, J., Dickemann, M., Melotti, U., Pospisil, L., Scott, E. C., Smith, J. M. & Wilder, W. D. (1982), "Polygyny and inheritance of wealth [and comments and replies]", *Current anthropology*, 23(1), 1–12.
- Haselton, M. G. (2003), "The sexual overperception bias: Evidence of a systematic bias in men from a survey of naturally occurring events", *Journal of Research in Personality*, 37(1), 34–47.

- Jung, C. G. (1953), "The persona as a segment of the collective psyche", *Two essays on analytical psychology*, 156–162.
- Jung, C. G. (1970), *Four archetypes: Mother, rebirth, spirit, trickster*, Princeton University Press.
- K. L. Antolini (2010), "Jarvis, Anna", *Encyclopedia of Motherhood*, SAGE.
- Kahneman, D. (2011), *Thinking, fast and slow, Farrar*, Straus and Giroux.
- Kato, T. A., Shinfuku, N., Fujisawa, D., Tateno, M., Ishida, T., Akiyama, T., ... & Balhara, Y. P. S. (2011), "Introducing the concept of modern depression in Japan; an international case vignette survey", *Journal of Affective Disorders*, 135(1–3), 66–76.
- Kohn, M. & Mithen, S. (1999), "Handaxes: products of sexual selection?", *Antiquity*, 73(281), 518–526.
- Lieberman, D. E. (2015), "Is exercise really medicine? An evolutionary perspective", *Current sports medicine reports*, 14(4), 313–319.
- MacRae, R. J. (2016), The great giant handaxe stakes, *Lithics – The Journal of the Lithic Studies Society*, (8), 15.
- McGuire, M. T. & Troisi, A. (1998), *Darwinian psychiatry*, Oxford University Press, USA.
- Mead, M. (2000), *And keep your powder dry: An anthropologist looks at America (Vol. 2)*, Berghahn Books.
- Mead, M. & Métraux, R. B. (1979), *Margaret Mead, some personal views*, Angus & Robertson.
- Miller, G. (2011), *The mating mind: How sexual choice shaped the evolution of human nature*, Anchor.
- Millon, T., Millon, C. M., Meagher, S. E., Grossman, S. D. & Ramnath, R. (2012), *Personality disorders in modern life*, John Wiley & Sons.
- Panksepp, J. (2004), *Affective neuroscience: The foundations of human and animal emotions*, Oxford university press.
- Paulhus, D. L. & Williams, K. M. (2002), "The dark triad of personality: Narcissism, Machiavellianism, and psychopathy", *Journal of research in personality*, 36(6), 556–563.

- Seligman, M. E. (1971), "Phobias and preparedness", *Behavior therapy*, 2(3), 307–320.
- Tomasello, M. (2016), *A natural history of human morality*, Harvard University Press.
- Trivers, R. (2000), "The elements of a scientific theory of self–deception", *Annals of the New York Academy of Sciences*, 907(1), 114–131.
- Van Valen, L. (1977), "The red queen", *The American Naturalist*, 111(980), 809–810.
- Van Vugt, M. & Park, J. H. (2009), "Guns, germs, and sex: how evolution shaped our intergroup psychology", *Social and Personality Psychology Compass*, 3(6), 927–938.
- Wrangham, R. (2009), *Catching fire: How cooking made us human*, Basic Books.

- Kyodo, "Kyoto man avoids prison in slaying of senile mother", The Japan Times, 2006.06.22. [https://www.japantimes.co.jp/news/2006/07/22/national/kyoto-man-avoids-prison-in-slaying-of-senile-mother/#.W9rm-WhLiM8.]
- M. David., "Though Obama Had to Leave to Find Himself, It Is Hawaii That Made His Rise Possible", the Washington Post, 2008.08.22. [http://www.washingtonpost.com/wp-dyn/content/article/2008/08/22/AR2008082201679.html]

내가 우울한 건 다
오스트랄로피테쿠스 때문이야

1판 1쇄 발행일 2018년 11월 19일
1판 3쇄 발행일 2021년 1월 25일

지은이 박한선

발행인 김학원
발행처 (주)휴머니스트출판그룹
출판등록 제313-2007-000007호(2007년 1월 5일)
주소 (03991) 서울시 마포구 동교로23길 76(연남동)
전화 02-335-4422 **팩스** 02-334-3427
저자·독자 서비스 humanist@humanistbooks.com
홈페이지 www.humanistbooks.com
유튜브 youtube.com/user/humanistma **포스트** post.naver.com/hmcv
페이스북 facebook.com/hmcv2001 **인스타그램** @humanist_insta

편집주간 황서현 **편집** 전두현 정일웅 **디자인** 한예슬 **일러스트** 황영진
조판 이희수 com. **용지** 화인페이퍼 **인쇄** 청아디앤피 **제본** 성민문화사

ⓒ 박한선, 2018

ISBN 979-11-6080-173-6 03470